Home Bake

Cakes & Muffins & Tarts & Puddings

戒不掉的法式烘焙

西点大师的烘焙纪事

[法] 埃里克·兰拉德 著

徐彬 译

图书在版编目(CIP)数据

戒不掉的法式烘焙：西点大师的烘焙纪事 /（法）埃里克·兰拉德著；徐彬译. —广州：南方日报出版社，2017.10
ISBN 978-7-5491-1624-9

Ⅰ. ①戒… Ⅱ. ①埃… ②徐… Ⅲ. ①西点—制作 Ⅳ. ①TS213.2

中国版本图书馆CIP数据核字（2017）第154906号

First published in Great Britain in 2010 by Mitchell Beazley,
an imprint of Octopus Publishing Group Limited,
Carmelite House, 50 Victoria Embankment, London, EC4Y 0DZ
Reprinted in 2011, 2012
First published in paperback in 2015

戒不掉的法式烘焙：西点大师的烘焙纪事
JIEBUDIAO DE FASHI HONGBEI: XIDIANDASHI DE HONGBEI JISHI

作　　者：［法］埃里克·兰拉德
译　　者：徐　彬
责任编辑：阮清钰
特约编辑：雷晓琪
装帧设计：唐　薇
技术编辑：邹胜利

出版发行：南方日报出版社（地址：广州市广州大道中289号）
经　　销：全国新华书店
制　　作：◆ 广州公元传播有限公司
印　　刷：深圳市汇亿丰印刷科技有限公司
规　　格：760mm × 1020mm　1/16　14印张
版　　次：2017年10月第1版第1次印刷
书　　号：ISBN 978-7-5491-1624-9
定　　价：46.80元

如发现印装质量问题，请致电020-38865309联系调换。

Contents 目录

海绵蛋糕
Sponge cakes

派饼
Tarts

蛋白酥
Meringues

玛芬蛋糕和纸杯蛋糕
Muffins & cupcakes

烘糕
Tray bakes

节日蛋糕
Festive recipes

芝士蛋糕
Cheesecakes

布丁
Puddings

油酥点心与饼干
Pastries & biscuits

献给

我的母亲露易塞特
和
我的祖母卡蜜耶
是她们让我懂得了家庭烹饪有多么重要

Introduction

序言

经常会有人问我，是什么原因让我选择成为一名糕点师，我对于烘焙的热爱从何而来。我的家族中没有一个人是从事这个职业的，但是我清楚地记得早在我的童年时期，我对食物就有着一种无法抑制的爱。如果在工作日的时候我们的食物很简单的话，那么周末就将会变成一场烹饪盛会。每个周末我的母亲都会为我们准备最为神奇的午餐。虽然很麻烦，但是我母亲还是能找来很多不同的菜谱，所以我们每个周末的食物都是不一样的。现在回头看看，我真的非常感激她为我们的周末盛宴所付出的一切！而且，周末大餐里蛋糕是一定会有的，我如今仍能记起当年那些刚刚从烤箱中拿出来的美丽的派挞、法式甜点、面包条，那种美味的香气一进屋子就能闻到。和我的祖母卡蜜耶同住的时候，就更让人兴奋了：早晨第一件事一定是去超市找找当季最新鲜的食材。妹妹克里斯蒂娜和我经常会以为我们是在为大庄园大城堡准备烹饪工作呢！

所以，其实是我的家人，是他们对食物的热爱和寓教于乐的方式启发了我。在我 6 岁的时候，我就开始研究菜谱，琢磨着制作出美味漂亮的蛋糕时所需的食材、个人创造能力以及烹饪技巧。后来我很快就懂得，想要获得成功，就要有足够的理论知识以及实践。在我 18 岁去当了学徒之后的经历，就更加证明了我当初的想法是对的。当时我以为，只要掌握基础知识，就可以凭着一腔热血做出美味糕点。后来，有人教导我说，在我想要做出更大的挑战之前，我更加应该去学习多些基础知识，了解什么是烘焙。

烘焙并不是日常简单的烹饪，这也是大多数人都学不好的原因。如果你对食材不了解，也不知道它们是如何相互反应的，那你就悲催了。为了避免发生意外，你最好仔细阅读并遵循菜谱上的操作。当然，家庭烘焙与蛋糕店展示橱窗里的现成蛋糕是不一样的。家庭烘焙开始很容易上手，制作过程也充满趣味，能令你掌握更多烘焙技巧，最重要的是，还可以减压。这也是一种哄孩子开心的方式，教育他们健康饮食的知识，以及自己在家煮饭的好处。而且，在不同派对场合中，你能做出多种不同的甜点，这也会为你带来十分的满足感。

在这本书里，我将把我所最喜欢的家庭烘焙食谱介绍给您，其中有些是我用来款待家人和朋友的，有些是我用来招待客人的，有些仅仅是因为我想做一些和工作时不一样的蛋糕。烘焙是一个享受创造的过程，通过这些简单明确的食谱，以及丰富的变化，你将能够烘焙出美味的糕点，并且广泛地受到你的家人和朋友的欢迎。但是请记住，一定要小心地按照食谱进行操作，要购买最优质的食材。最重要的一点就是，你要尽情享受烘焙的过程！

祝您烘焙愉快。

埃里克

海绵蛋糕

Sponge cakes

一个优质海绵蛋糕应该质感轻盈、口感松软。想要做到这一点，你可以把鸡蛋和糖搅打发泡，也可以打发完蛋清后加入蛋糕糊。制作海绵蛋糕的主要技巧是在加入面粉和其他干燥食材时，要将充足的空气保留在蛋糕糊中。

这些可爱且口感松软的海绵蛋糕，无论是单吃，还是加上奶油、新鲜水果、自制凝乳或果酱所做的夹心，都非常美味可口。在密封箱或老式的蛋糕烤盘中可以保存得很好，冰箱是绝对不行的，它会使海绵蛋糕的口感变得坚硬。

然而，想成功地烘焙海绵蛋糕，还是有一些注意点的。首先，所有的食材温度都要是室温。如果把冰冷的鸡蛋放入黄油糊里，黄油糊会凝固成块，并导致蛋糕的口感密实坚硬。待你把所有食材混合在一起之后，要立刻放入烤箱，因为泡打粉马上就会发挥作用；如果放置一段时间后再放入烤箱，那么效果将不会那么好。我建议你买一支烤箱温度计，因为烤箱的温度变化比较大。

保证所有食材都是新鲜的。泡打粉和自发面粉开封之后，保存时间不能超过一个月，因为面粉会吸水变成块状，这会导致蛋糕无法适当发酵膨胀。杏仁和香料开封之后也只能保存一个月，除非保存在密封箱中。

!

如非某些食谱特别说明，否则本书中使用的鸡蛋都是中等大小的有机鸡蛋。

经典“蛋糕男孩”巧克力海绵蛋糕
Classic 'Cake Boy' chocolate sponge

在位于伦敦的法式咖啡蛋糕店出售的这款蛋糕，名字就叫“蛋糕男孩”。我常在这款海绵蛋糕中使用融化的巧克力，因为我发现，如果用可可粉的话，口感没有那么丰富，也没那么美味。

分量 / 可供6人食用
准备时间 / 20分钟
制作时间 / 35分钟

软化的无盐黄油150克，外加些许涂抹
优质的黑巧克力150克，捏成小碎片
精白砂糖150克
鸡蛋5个
自发面粉150克
泡打粉1茶匙

1 将烤箱预热至180℃（风扇160℃）或燃气4挡。将一直径为20厘米的圆形三明治烤盘涂上黄油，底部铺上烘焙纸。

2 将巧克力片放入耐热碗里，再把碗放在装了沸水的平底锅上（碗底不能接触到沸水），搅拌至完全融化。放置稍微冷却。

3 同时，将150克黄油、150克精白砂糖一起放到大碗中，用电动搅拌器以中高速搅拌，直至搅打成匀滑松软的糊状。逐个将鸡蛋打进去，直至柔滑且完全融为一体。把自发面粉和泡打粉筛入碗里面，用大金属勺子或橡胶刮刀轻轻搅拌均匀，最后拌入融化的巧克力。此时，蛋糕糊看上去应该非常匀滑。

4 将蛋糕糊倒入准备好的模具里面，抹平表面，在预热好的烤箱中烘焙大约35分钟，待烤肉叉子插到蛋糕中间，拿出来之后是干净的，没有粘到蛋糕糊，就说明蛋糕已经烤好了。把蛋糕转移到金属架上冷却，撕去烘焙纸。

◆ 这款蛋糕加上黄油奶酪夹心（详见第112页“香草奶油糖霜”）或甘纳许（巧克力酱）夹心食用，味道更为美妙。

1
2
3
4
5
6

7
10
11
8
9
12

经典“蛋糕男孩”香草海绵蛋糕
Classic ‘Cake Boy’ vanilla sponge

这个比较传统的海绵蛋糕制作食谱，是用来制作维多利亚三明治蛋糕或巧克力蛋糕的。这款蛋糕并没有热那亚海绵蛋糕那么松软轻盈，更适于作茶点蛋糕。

分量 / 可供6人食用
准备时间 / 20分钟
制作时间 / 18—20分钟

软化的无盐黄油175克，外加些许用以涂抹烤盘
金砂糖175克
香草精1.5茶匙
鸡蛋3个
自发面粉175克
泡打粉1茶匙

添加鸡蛋的时候，蛋糕糊看上去可能像是裂开了一样。这时候也不用担心，只要拌入1茶匙面粉，蛋糕糊会重新变得匀滑柔软。

1 将烤箱预热至180℃（风扇160℃）或燃气4挡。将2个边长18厘米的三明治烤盘涂上黄油，并在底部铺上烘焙纸。

2 将黄油和金砂糖一起放到大碗中，用电动搅拌器以中高速搅拌至松软匀滑。加入香草精和鸡蛋，继续搅打直至其变得均匀柔滑。把面粉和泡打粉筛入碗里面，用一个大金属勺子将所有食材轻轻搅拌均匀。此时，蛋糕糊看上去应该非常松软匀滑。

3 将蛋糕糊倒入两个准备好的烤盘里面，抹平表面，在预热好的烤箱中烘焙18—20分钟，待蛋糕膨胀，且用手轻压后会回弹，就说明蛋糕已经烤好了。将蛋糕放置在模具中冷却5分钟，然后转移到金属架中，去掉烘焙纸。静置待彻底冷却。

◆ 这款海绵蛋糕加上柠檬酱夹心（自制方法可参照第130页“柠檬酱方形小蛋糕”的提示），或者制作时将高脂厚奶油和时令浆果搅打进去，食用时味道更佳。这些食材用在甜点里面也十分棒，如第193页“巧克力樱桃小蛋糕”和第182页的“香梨咸油焦糖慕斯”一样。

核桃摩卡海绵蛋糕
Mocha and roasted walnut sponge

我非常喜欢这款蛋糕，它是下午茶或者野餐的完美选择。要确保你买的是优质的核桃，因为太便宜的核桃味道会很苦。

分量 / 可供6人食用
准备时间 / 20分钟
制作时间 / 25分钟

蛋糕

软化的无盐黄油225克，外加些许用以涂抹烤盘
精白砂糖225克
鸡蛋4个
自发面粉225克
纯可可粉50克
稍微烤过的核桃50克，大致切碎
烤咖啡豆50克，大致切碎
意大利特浓咖啡，或浓咖啡100毫升

咖啡黄油奶酪

软化的无盐黄油250克
糖粉200克
特浓咖啡4汤匙（用4茶匙速溶咖啡制作）

!

若烘焙时要用上坚果或咖啡豆，那么最好在预热到180℃（风扇160℃）或燃气4挡的烤箱中先烘烤5分钟，风味会更好。烘烤可以增加坚果的香味，蛋糕更美味可口。

1 将烤箱预热至170℃（风扇150℃）或燃气3挡。将2个直径为20厘米的蛋糕烤盘涂上黄油，铺好烘焙纸。

2 将黄油和糖放入大碗，用电动搅拌器搅拌至细腻平滑、完全融为一体。一次加入一个鸡蛋，并继续搅拌。把自发面粉和可可粉筛入蛋糕糊里，用一个大金属勺子轻轻搅拌均匀。小心拌入核桃和咖啡豆搅拌均匀。倒入咖啡，搅拌至完全混合。

3 将蛋糕糊倒入准备好的蛋糕烤盘里，抹平表面。在预热好的烤箱中烘焙大约25分钟，待烤肉叉子插到蛋糕中间，拿出来之后是干净的，没有粘着蛋糕糊即可。蛋糕烤熟后，从烤箱中取出，继续在烤盘中冷却10分钟，然后再从模具中取出，转移到散热架上，完全冷却至室温。

4 制作咖啡黄油奶酪，需要首先将软化的黄油、糖粉倒入碗中，用电动搅拌器搅拌至黄油松软匀滑、接近白色。然后倒入冷却的咖啡，继续搅拌，打成咖啡黄油奶酪。

5 将这两个蛋糕中的一个放到盘子里，将一半的黄油奶酪在蛋糕表面摊开，然后将另一半蛋糕盖在上面，将剩下的黄油奶酪在顶部抹开。我喜欢用带巧克力涂层的咖啡豆（在任何较好的熟食店都能买到）和对半切开的核桃仁来装饰蛋糕。

◆ 为了能保持蛋糕的风味和柔滑的口感，这款蛋糕应该在室温下食用。

法式热那亚海绵蛋糕
Plain Genoise sponge

在法国，这是一道经典蛋糕，每一个糕点师都会用它来做新鲜水果奶油蛋糕或夹心海绵蛋糕。这款蛋糕的口感非常轻盈松软。相比传统的白色海绵蛋糕，我尤其喜欢这款蛋糕丰富的颜色。我就是吃这些蛋糕长大的。

分量 / 可供6人食用
准备时间 / 20分钟
制作时间 / 25分钟

融化的无盐黄油50克，外加些许用以涂抹烤盘

中筋面粉250克，外加些许用于撒粉

金砂糖250克

鸡蛋8个

“丝带”效果说的是搅拌时一个很重要的阶段，叫湿性发泡。这时，把勺子或搅拌器从碗中提起，蛋糕糊像一根缎丝带一样流下。同时，这将会在蛋糕糊的表面留下一条痕迹。

1 将烤箱预热至180℃（风扇160℃）或燃气4挡。将2个直径为22厘米的三明治烤盘涂上黄油，并稍微撒上些许面粉。

2 将糖和鸡蛋放入耐高温的大碗里，再把碗放到半锅微微沸腾的开水上。用电动搅拌器全速搅拌，将糖和鸡蛋连续不断地搅拌在一起，直至鸡蛋糊变热。这个过程需要10分钟，然后糖蛋糊的体积会翻一倍，从搅拌器上流下时会形成一种“丝带”效果（见小提示）。将碗从装了热水的平底锅上移开。

3 把面粉筛入鸡蛋糊里，用大金属勺子轻轻搅拌均匀。然后把融化的黄油也搅拌进去，小心不要过度搅拌！

4 将蛋糕糊分成两半分别倒入准备好的模具里面，抹平表面，在预热好的烤箱中烘焙大约25分钟，待其颜色金黄，烤肉叉子插到蛋糕中间，拿出来后是干净的，就说明已经烤好了。转移到金属架中冷却。

◆ 这款美味的海绵蛋糕用保鲜膜包好或冷藏，都可以保存得很好。我比较喜欢需要时提前一天做好，这样更易切或者再加工。

香蕉蛋糕
Banana cake

这款蛋糕里我用了熟透的香蕉，就是那种表皮上布满棕色斑点的。相比那些未熟或刚熟的香蕉，这种熟透的往往味道更浓。我在洛杉矶的朋友劳瑞，就经常做这一款美味的蛋糕来当早餐和午餐。她通常用烧烤架来烘烤蛋糕片，并撒上大量金色糖粉，搭配枫糖和新鲜希腊酸奶食用，味道简直好极了！

分量 / 可供8人食用
准备时间 / 20分钟
制作时间 / 1个小时

无盐黄油125克，外加些许用以涂抹烤盘
粗制软红糖175克
鸡蛋2个
中筋面粉300克
小苏打1茶匙
牛奶150毫升
香蕉3根，熟透、中等大小，去皮，捣碎
香草精1茶匙
罂粟籽1茶匙
核桃仁75克，对半切，剁碎
干香蕉片50克

1 将烤箱预热至180℃（风扇160℃）或燃气4挡。将规格为25×11厘米的条形蛋糕烤盘稍微涂上一些黄油。

2 将黄油和糖一起放到食品加工机或大碗中，用电动搅拌器搅拌至匀滑。加入一个鸡蛋，充分搅打，再加入第二个，继续搅打充分。将一半的面粉和全部苏打粉筛入容器，充分搅拌。将牛奶也搅拌进去，然后筛入剩下的面粉。如果用的是食品加工机，要将搅拌好的蛋糕糊倒入碗中。

3 将捣碎的香蕉拌入蛋糕糊里，同时拌入香草精、罂粟籽、核桃仁。将拌好的蛋糕糊倒入条形蛋糕烤盘之中，用抹刀涂平顶层。将香蕉片排列在蛋糕表层。

4 将准备好的蛋糕糊放入预热好的烤箱中烘焙大约1个小时，直到烤肉叉子插入蛋糕中拿出来是干净的，没有粘着蛋糕糊，就说明蛋糕已经烤好了。如果蛋糕变成棕色的速度过快的话，可以用箔纸盖住表面。

5 蛋糕应至少在模具中冷却20分钟再取出。切成薄片，趁热食用。

胡萝卜蛋糕
Carrot cake

这款美式经典蛋糕造型多变：你可以用条形、圆形或方形的烤盘，也可以用烤碟来做烘焙。我们的“山姆大叔”喜欢在蛋糕中放很多油，所以吃上去十分松软香糯。可使用较为干燥的奶油干酪，会形成较有口感的糖霜。

分量 / 可供8人食用
准备时间 / 30分钟
制作时间 / 1小时30分钟

蛋糕

无盐黄油，用来涂在模具上
自发面粉225克，另备些许撒在烤盘上
葵花籽油，或玉米油250毫升
金砂糖225克
大鸡蛋3个
肉桂粉1茶匙
现磨碎的肉豆蔻1茶匙
胡萝卜250克，去皮
金色葡萄干100克
核桃仁100克，剁碎

糖霜

半脂奶油干酪300克
无盐黄油150克，放置在室温下
粗制黄糖霜25克
橙子1个

!

把糖和油搅拌在一起的时候，不要期待它会变得蓬松，因为这没法将空气引入糖油糊中。这也就意味着你加入面粉的时候，要将面粉慢慢搅打进去。

1 将烤箱预热至180℃（风扇160℃）或燃气4挡。将规格为25×11厘米的条形蛋糕烤盘涂上黄油，撒上面粉，铺上烘焙纸。

2 将250毫升葵花籽油或玉米油倒入大碗，加入砂糖，用较大的搅拌器搅拌数分钟。然后加入鸡蛋搅打，将滤网放在碗上，倒上面粉和香料。用勺子轻推面粉和香料落入碗中，用大金属勺将面粉和鸡蛋糊搅拌均匀至完全融合。

3 切掉胡萝卜的两端，大致磨碎。将磨碎的胡萝卜、葡萄干、核桃仁拌入蛋糕糊，确保其分布均匀。

4 将蛋糕糊放入准备好的烤箱中，均匀摊开。在预热好的烤箱中烘焙约1小时30分钟，直到蛋糕膨胀变成金黄色，且烤肉叉子插入后拿出来是干净的，就说明已经烤好了。如果蛋糕表面颜色变暗的速度过快，就用一张箔纸盖住蛋糕表面。让蛋糕在模具中冷却5分钟，然后倒出来，放到金属架中完全冷却，去掉箔纸。

5 同时需要制作糖霜。将奶油干酪和黄油放入碗中，用木勺搅拌至柔软匀滑。将滤网放在碗上，加入糖霜，用勺子轻推，让其落入碗中。将橙子在食物磨碎器较细的一边把橙皮磨碎，磨到出现白皮就停止。将磨碎的橙皮碎添加到奶油干酪糖霜中去。

6 蛋糕冷却后，用抹刀将厚厚的一层糖霜在蛋糕表面铺开。如果你喜欢的话，可以用少量葡萄干和核桃仁做装饰。

◆ 这款蛋糕放在烤盘中能够保存得很好。不要放在冰箱中冷藏，否则会变硬。

柠檬青柠糖衣蛋糕
Lime and lemon drizzle cake

这是一款完美的夏日蛋糕：在懒洋洋地进行室外午餐时，不管是直接吃，还是搭配新鲜的浆果和法式酸奶油，都十分美味。

分量 / 可供6人食用
准备时间 / 15分钟
制作时间 / 50分钟

海绵蛋糕

无盐黄油175克，软化，外加些许用以涂抹烤盘
金砂糖175克
大鸡蛋3个
牛奶4汤匙
自发面粉225克
柠檬1个、青柠1个，取皮磨碎

糖衣

糖粉200克
柠檬2个、青柠2个，新鲜榨汁

装饰

柠檬1个、青柠1个，取皮磨碎

---

1 将烤箱预热至180℃（风扇160℃）或燃气4挡。将一个直径为22厘米的三明治烤盘涂上黄油，并在底部铺上烘焙纸。

2 制作蛋糕时，首先需要将黄油和糖放入大碗，用电动搅拌器搅拌至松软、颜色乳白。一次加入一个鸡蛋，并继续搅拌。待全部的鸡蛋都加入进去之后，将牛奶也倒进去，搅拌至完全融合。将面粉筛入到鸡蛋糊里面去。用大金属勺子将面粉和磨好的柠檬皮碎、青柠皮碎轻轻搅拌进去。

3 将蛋糕糊倒入准备好的三明治烤盘中，抹平表面。在预热好的烤箱中烘焙50分钟，直到烤肉叉子插到蛋糕中间拿出来是干净的，没有粘着蛋糕糊，就说明已经烤好了。让蛋糕继续在模具中，放到金属架中冷却10分钟，然后小心地从模具中倒出来，放置使其完全冷却。

4 制作糖衣的时候，首先需要将糖粉和新鲜榨出的果汁充分搅拌到一起。

5 待蛋糕冷却之后，用烤肉叉子在蛋糕的表层戳上些许小洞，轻轻倒入上面准备的糖浆，通过小洞渗入蛋糕里，直到糖浆完全吸收，形成一层漂亮的白色糖衣。

6 最后，将精细磨碎的柠檬皮碎和青柠皮碎撒在蛋糕的表层，即可食用。

这款蛋糕最好在享用的前一天做好，因为糖衣需要时间来渗透，所以放一天后再吃会更美味。

1
2
3
4
5
6

法式玛德琳蛋糕
Madeleines

小时候我经常跟母亲去法式蛋糕店，那里有卖装在大玻璃罐里的新鲜玛德琳蛋糕。

分量 / 可供20人食用
准备时间 / 20分钟
制作时间 / 10分钟

无盐黄油90克，外加2汤匙融化黄油用来涂抹烤盘

中筋面粉90克，外加些许用以撒粉

蜂蜜2茶匙

糖粉40克，外加些许撒粉

泡打粉1茶匙

鸡蛋2个

橙花水1茶匙

在制作玛德琳蛋糕时，我觉得用传统的金属蛋糕烤盘比硅橡胶模具烤出来的蛋糕更美味。

1 将烤箱预热至180℃（风扇160℃）或燃气4挡。准备一个20孔装的玛德琳模具，将2汤匙融化黄油刷在模具内侧，要保证刷到了模具里的分隔脊。撒上面粉，翻转模具，轻轻拍打出多余的面粉。

2 将黄油和蜂蜜一起放到小炖锅里融化，然后放置冷却。将面粉、糖粉、泡打粉同筛入大碗，拌入冷却的黄油蜂蜜糊，再拌入蛋液，小心不要过度搅拌。将橙花水也搅拌进去。

3 将搅拌好的蛋糕糊用勺子放到模具里去，只需要填充每个模型的2/3至3/4。将玛德琳蛋糕放入预热好的烤箱中烘焙约10分钟，待其膨胀且变成金黄色，就说明已经烤好了。将蛋糕放置在模具中冷却数分钟，然后转移到金属架中完全冷却。

其他口味选择

柠檬　可以用精细磨碎的1个大柠檬皮碎来替代橙花水。

柠檬百里香　将几根柠檬百里香小枝的叶子剥下来（这种叶子非常小，因而可以整片地使用），掺到放过黄油的蛋糕糊里，这将给蛋糕带来清新可口的味道。

青柠和蜂蜜　可以用一些蜂蜜来替代25克糖，并且加入一个磨碎的青柠皮到蛋糕糊里。

开心果　用25克开心果酱替代25克糖。在放入烤箱烘焙之前，撒一些去皮切碎的开心果在蛋糕表层。

巧克力　你可以用烤好的玛德琳蛋糕蘸融化的黑巧克力来吃，味道简直好极了！

苹果面包屑海绵蛋糕
Apple crumble sponge

这款蛋糕结合了我最喜欢的两款热布丁食材——苹果面包屑和热烤海绵蛋糕。这款蛋糕必须趁热配香草卡士达一起食用。

分量 / 可供6人食用
准备时间 / 25分钟
制作时间 / 35分钟

海绵蛋糕

软化的无盐黄油100克，外加些许用以涂抹烤盘
金砂糖100克
鸡蛋2个
自发面粉100克
肉桂粉1茶匙
泡打粉1茶匙
香草精1茶匙
大苹果4个

苹果面包屑

中筋面粉125克
软红糖50克
软化的无盐黄油50克
肉桂粉半茶匙
压平的燕麦片50克

配餐

液态蜂蜜

1 将烤箱预热至180℃（风扇160℃）或燃气4挡。将一个直径为22厘米的弹簧脱底烤盘涂上黄油，铺上烘焙纸。

2 制作蛋糕时，首先需要将黄油和糖放入大碗，用电动搅拌器以中高速搅拌至松软匀滑。一次加入一个鸡蛋，并继续搅拌。待全部搅拌在一起之后，将面粉、肉桂粉、泡打粉筛入碗中，用大金属勺子轻轻拌入，再拌入香草精。

3 将拌好的蛋糕糊用勺子舀入准备好的弹簧脱底烤盘中，抹平表面。将苹果去皮去核，切成细条，放在蛋糕糊的表层，确保苹果条和模具的边缘中间留出了缝隙。

4 制作苹果面包屑时，将除燕麦片之外的全部食材倒入食品加工机，简单加工一下，做成粗糙一点的面糊。将面糊倒入碗中，拌入燕麦片，直至完全融合。我比较喜欢厚实一点的面包屑，所以会故意不把食材处理得太细；这样做出来的面包屑看上去比较粗糙，吃上去酥脆美味。

5 在蛋糕的表层撒上大量苹果面包屑，然后放入预热好的烤箱烘焙35分钟后取出。放置5分钟，取掉模具的四侧。将蛋糕放到餐盘中，可以蘸着液态蜂蜜一起食用。有客人来家里的时候，我喜欢用这款新鲜出炉的蛋糕，搭配热苹果白兰地风味奶油冻来招待他们，这简直是秋季最完美的享受。

其他口味选择

梨子或杏仁 你可以用相同重量的梨子或杏子来代替苹果。梨子的准备和制作方式与苹果是一样的；杏子应该对半切开，并切成薄片。

轻油水果蛋糕
Light fruit cake

相比那些味道浓郁的水果蛋糕，这款淡味水果蛋糕是春夏时节的最佳替代品。我曾经把这款蛋糕用作婚礼蛋糕，我在“蛋糕男孩”店里，也用它来做复活节重油水果蛋糕。头一天晚上就可以将葡萄干和无核提子干浸泡在白兰地或朗姆酒里，这样做出来的蛋糕会有淡淡的酒香。

分量 / 可供6人食用
准备时间 / 20分钟
制作时间 / 2小时15分钟

无盐黄油150克，外加些许用以涂抹烤盘
金砂糖150克
鸡蛋2个
橙花水2茶匙
橙子1个、柠檬1个，取皮磨碎，榨出果汁
中筋面粉175克
蜜饯樱桃100克
各色果皮100克，切碎
葡萄干100克
金色无核提子干100克

!

在这款蛋糕里面，果脯不能沉到蛋糕的底部去，因为这种蛋糕糊比较稠密浓厚。但是你也可以用一些其他方法预防沉底，例如将果脯放在面粉里滚一滚，稍稍裹上面粉即可。

1 将烤箱预热至160℃（风扇140℃）或燃气3挡。将一个边长15厘米的较深的蛋糕烤盘涂上黄油，并给烤盘的底部和侧面铺上两层烘焙纸。

2 将黄油和糖放入碗中，用电动搅拌器搅拌至松软匀滑、颜色变浅。逐个将鸡蛋打进去，并继续搅拌。将橙花水、橙皮碎、柠檬皮碎、橙汁、柠檬汁全都放到一个小碗中搅拌均匀。面粉过筛，加入所有干果，然后用大金属勺子拌入发泡的面粉糊，再将小碗里的果汁和皮碎也搅拌进去。

3 将拌好的蛋糕糊用勺子舀到准备好的蛋糕烤盘里面。放入预热好的烤箱烘焙30分钟，然后将烤箱的温度调为150℃或燃气2挡，继续烘烤1小时45分钟，直到蛋糕膨胀变成金黄色，并且烤肉叉子插到蛋糕中间拿出来是干净的，没有粘着蛋糕糊，就说明已经烤好了。让蛋糕继续在烤盘中冷却15分钟，然后撕去烘焙纸，转移到金属架中完全冷却。

◆ 我喜欢用漂亮的大块果脯来装饰蛋糕。这些干果脯在精致的美食街或者现成副食店都能买到。我首先用一些热果酱浇在蛋糕表面，然后把水果摆上去，再浇一遍果酱，这样蛋糕看上去就很美味了。

甜菜根榛子蛋糕
Beetroot and hazelnut cake

这款简单的蛋糕有着朴实的味道和可爱的颜色。为了防止手指染上颜色，在磨碎甜菜的时候，我通常会戴一次性手套。这款蛋糕植物纤维丰富，同时也富含各类优质维生素——据说甜菜根还能壮阳？

分量 / 可供6—8人食用

准备时间 / 25分钟

制作时间 / 30分钟

植物油200毫升，外加些许用以涂抹烤盘

金砂糖250克

鸡蛋3个，打散

中筋面粉200克

泡打粉1茶匙

各色香料粉2茶匙

牛奶3茶匙

去皮磨碎后的生甜菜根150克

核桃仁100克，切碎，外加些许用来装饰

榛子仁100克，烘烤、切碎，外加些许用来装饰

杏仁酱4汤匙，用滤网过滤

---

1 将烤箱预热至200℃（风扇180℃）或燃气6挡。将一个容量为900克的条形蛋糕烤盘涂上黄油。

2 将黄油和糖倒入碗里搅拌，直至松软匀滑。将打好的鸡蛋加入，继续搅拌，直到鸡蛋糊匀滑有光泽。将筛好的面粉、泡打粉、各色香料粉搅拌进去，直至完全融合。加入牛奶和磨碎的甜菜根，继续搅拌至完全融合，最后加入榛子仁。

3 将拌好的蛋糕糊倒入准备好的条形烤盘里面，放入预热好的烤箱烘焙30分钟，直到烤肉叉子插到蛋糕中间拿出来是干净的，就说明已经烤好了。

4 将蛋糕放在金属架上冷却后，从烤盘中取出蛋糕放到餐盘里。杏仁酱加热，浇在蛋糕表面，将之前保留的坚果切碎，撒在蛋糕上。

1
2
3
4

5
6
7
8

反转莓果海绵蛋糕
Upside-down berry sponge

这款反转莓果海绵蛋糕的用途十分广泛。你可以随便用上任何一种水果，比如说忘记吃或熟过头的水果。如果你想做浆果蛋糕的话，最好是在夏天做。不过，如果选用苹果和肉桂要趁热食用，会给寒冷的冬季带来温暖。

分量 / 可供8人食用
准备时间 / 20分钟
制作时间 / 1个小时

无盐黄油200克，外加些许用以涂抹烤盘

金砂糖200克

鸡蛋5个

自发面粉200克

成熟的各色莓果300—400克（覆盆子、草莓、蓝莓等）

黄糖浆50克

水果必须是刚刚成熟的。千万不要同熟过头的水果一起烘烤，否则很容易烤过软的。

1 将烤箱预热至180℃（风扇160℃）或燃气4挡。将一个直径为22厘米的浅底弹簧扣蛋糕烤盘涂上黄油，并铺上烘焙纸。

2 将黄油和糖倒入大碗中，用电动搅拌器以中高速进行搅拌直至松软匀滑。逐个将鸡蛋搅打进去，直至完全混合在一起。将面粉筛入到碗里，并用大金属勺拌入。

3 将各色浆果放到准备好的烤盘底部，加入黄糖浆，然后用勺子将蛋糕糊盖在上面。放入预热好的烤箱中烘烤1个小时，直到蛋糕彻底熟了，放在模具中冷却，然后在享用前取走模具的侧面和烘焙纸。

其他口味选择

五香梨　将梨去皮，对半切开，放入掺了杜松子酒和少量杜松子的较稀的糖浆中，用小火烹煮。用颜色较浅的焦糖糖浆来替代黄糖浆。

新鲜的梅子　将梅子对半切开和金砂糖、一些混合香料一起放入烤箱中用中挡火力（180℃、风扇温度160℃、燃气4挡）烘烤，待其变得又软又甜时，倒掉多余的果汁。按照食谱说明，用烤好的梅子代替浆果，这样的话就不需要用黄糖浆了。

橙子薰衣草无面粉蛋糕
Flour-free orange and lavender cake

在法国国家烘焙日的时候，这是我们在“蛋糕男孩”咖啡店中最受欢迎的蛋糕之一。做这款无麸质蛋糕的灵感来自法国南部。若不能买到薰衣草，也可以用别的当季食材来替代。例如，晒干的红莓，它会使这款蛋糕看上去更有圣诞的感觉。营养的辣糖浆也是非常好的搭配。

分量 / 可供6人食用
准备时间 / 30分钟
制作时间 / 1个小时

蛋糕

葵花籽油400毫升，外加些许用以涂抹烤盘
杏仁粉350克
精白砂糖300克
泡打粉3茶匙
鸡蛋8个
柠檬1个
橙子2个
干薰衣草2茶匙

糖浆

柠檬和橙子的鲜榨果汁
精白砂糖100克
丁香数个
肉桂粉2茶匙

1 将烤箱预热至180℃（风扇160℃）或燃气4挡。将直径为20厘米的蛋糕烤盘涂上黄油，给烤盘的底部铺上烘焙纸。

2 将杏仁粉、精白砂糖、泡打粉一起放入碗，充分搅拌均匀；打入鸡蛋，加入葵花籽油，轻轻搅拌在一起。

3 将柠檬皮、橙皮用较好的磨碎器磨细，然后倒入上一步准备好的鸡蛋糊，搅拌在一起。

4 将蛋糕糊倒入准备好的模具中，放入预热好的烤箱烘烤1个小时。烘烤20分钟之后，用一张箔纸盖住蛋糕顶部。

5 同时，需要制作糖浆。将柠檬皮碎、橙皮碎、果汁挤入小平底锅中，加入糖和香料，充分搅拌均匀。开火煮沸，然后把火关小，再熬3分钟。

6 蛋糕从烤箱拿出来后，用烤肉叉子或者小尖刀在蛋糕上面扎一些洞。用大汤匙将上一步做好的糖浆淋在蛋糕上，让蛋糕充分吸收糖浆。

如果更喜欢口感松软一些的蛋糕，你可以用磨得很细的玉米粉或粗面粉来替代50%的杏仁粉。

巧克力海绵无面粉蛋糕
Flour-free chocolate sponge cake

享受这款香糯浓郁的巧克力蛋糕时，你不必担心过敏的问题。这款蛋糕新鲜出炉的时候，配着法式酸奶油一起食用，更为美味！

分量 / 可供8人食用
准备时间 / 15分钟
制作时间 / 30分钟

无盐黄油125克，外加些许涂抹烤盘
纯可可粉85克，外加撒在模具上的
优质黑巧克力125克，捏碎成片状
金砂糖150克
鸡蛋3个
香草精1茶匙

近年来，无麸质面粉的使用已经比较广泛。如果你喜欢的话，可以用它来替代本书中任何一款蛋糕所使用的面粉。

1 将烤箱预热至170℃（风扇160℃）或燃气3挡。将一个边长20厘米的蛋糕烤盘涂上黄油，稍微撒上一些可可粉。

2 将捏碎的巧克力和黄油一起倒入大碗，放在装了半锅沸水的平底锅上，碗底不能接触到沸水。时不时搅拌一下，让巧克力慢慢融化。同时，用电动搅拌器将糖、鸡蛋、香草精、可可粉搅拌在一起。待巧克力融化之后，将大碗从沸水上拿走，并将鸡蛋糊搅拌到装巧克力的碗里。

3 将拌好的蛋糕糊倒入准备好的模具中，放入预热好的烤箱中烘焙30分钟。

4 出烤箱之后，让蛋糕继续留在模具中冷却10—15分钟，然后转移到金属架中继续冷却。也可以像我一样，用新鲜出炉的蛋糕配法式酸奶油直接食用。

无麸杏仁海绵蛋糕
Gluten-free almond sponge cake

就我个人而言，我从来不曾有任何过敏史，但是现在越来越多的人都要求食用无麸质蛋糕。而且现在的无麸质面粉越来越好了，杏仁粉确实是不错的第二选择。因为杏仁粉能够让蛋糕吃起来味道浓郁且松软香糯。

分量 / 可供6人食用
准备时间 / 15分钟
制作时间 / 30—45分钟

无盐黄油100克，融化，外加些许用以涂抹烤盘
金砂糖200克
大鸡蛋4个
杏仁粉200克
杏仁精1茶匙
杏仁酱2汤匙，加热，并用滤网筛过

---

1 将烤箱预热至180℃（风扇160℃）或燃气4挡。将一个边长20厘米的海绵蛋糕烤盘涂上黄油，铺上烘焙纸。

2 将鸡蛋和糖一起放入大碗，用电动搅拌器以中高速搅拌，直至体积膨胀成原来的两倍。将融化的黄油搅拌进去，然后拌入杏仁粉、杏仁香精。

3 将拌好的蛋糕糊用勺子舀到烤盘里面，放入预热好的烤箱烘烤30—45分钟，直到表层变成金黄色、紧挨着模具的蛋糕侧面开始缩小，就说明蛋糕已经烤好了。让蛋糕继续留在模具中放置10分钟，然后取出，放在金属托盘中冷却。

4 轻轻将一些热杏仁酱在蛋糕的表面摊开作为装饰。当然，你也可以放一些新鲜的浆果、果脯、坚果到蛋糕上。

◆ 这款蛋糕要放到蛋糕罐中保存，不要放到冰箱。放置几天后食用味道更佳。

派饼

Tarts

派饼就是一种没有面皮包起来的馅饼，通常用甜酥皮糕点或小松饼做底。派饼的制作非常灵活。派挞的油酥面皮底可以先完全烤熟，待冷却后倒入奶油或者奶黄水果夹心食用；像味道浓郁的杏仁酪夹心和水果夹心，可以先把夹心倒进去，再进行烘烤；像柠檬挞或者山核桃挞这样的酥皮挞也可以先把酥皮盲焙好，然后将液体夹心倒进去后，再继续烘烤。

很多人都害怕制作酥皮糕点。是的，制作新鲜的千层酥皮并不容易，需要时间和耐心来完成，但这并不能成为不做甜酥皮糕点和泡芙的借口。本书所提供的食谱都十分简单易学。做成功之后，你就不得不承认，无论是味道还是口感，店里出售的和自己在家里烘焙的根本无法相提并论。

要想做出美味的挞饼，最关键的就是制作油酥面皮。实际上，制作面皮的时候，是有一些规则可以遵循的。在下面的食谱中，我将会把这些小规则告诉你。简而言之：千万不要过度搅拌你的面团糊；揉的时候不要使用太多面粉；不要将面团拉伸得太大（否则一烘烤就会缩回去）；将面团揉成想要的形状后，要静置一定的时间。

虽说手工制作的油酥面皮往往质地更轻盈，不过也可以使用食品加工机。揉面团的时候，需要注意的一点是一定要让面团保持温暖的状态，这样揉出来的面团才会有韧性，但温度也不要太高，否则会使面团里的油融化流出。通常来说，一个挞饼里面油酥松饼大概是和1英镑的硬币一样厚。

在挞饼的制作过程中，另外一个最重要的事情就是烘烤面皮需要完全烤熟，且香酥松脆。就我的个人经验来说，把果挞放到烤箱架上，而不是托盘上，烤出的挞饼更加酥脆好吃，因为这样可以对面皮进行直接加热。

勃艮第挞
Tarte bourguignonne

这是一款经典的勃艮第挞（注：用到的勃艮第调味汁是将水煮梨放到杏仁糕中熬煮出来的调味汁）。红酒、香料、梨和味道浓郁的巧克力杏仁酪完美结合，这款蛋糕成了冬日甜点的最佳选择。

分量 / 可供8人食用

准备时间 / 提前1天将梨准备好，另加20分钟，冷却时间另计

制作时间 / 30—40分钟

无盐黄油，用以涂抹

中筋面粉，用以撒在烤盘上

甜油酥面团300克（详见第208页的“法式甜面团酥皮”），或1包375克装的甜油酥面团，揉好

杏仁酱2汤匙，过筛

糖粉，用来装饰

水煮梨汁

精白砂糖250克

红葡萄酒200毫升

水100毫升

肉桂棒2根

香草荚1个，剥开

大熟梨子4个

杏仁酪

杏仁粉125克

精白砂糖125克

纯可可粉100克

软化的无盐黄油125克

鸡蛋3个

---

1 提前一天小火煮梨子。将糖、红酒、水、肉桂、香草荚放入大炖锅中，加热使糖溶化熬成糖浆。

2 将梨去皮去核，不要将梨切碎，然后加入到微微沸腾的糖浆中（我喜欢保留梨子的蒂，口感更粗糙一些），小火烹煮10分钟，然后让梨在糖浆中冷却，冷却后，把梨和糖浆一起放入冰箱，冷藏一晚。

3 开始前，先将烤箱预热到180℃或燃气4挡。将一个直径为22厘米的活底烤盘准备好，涂上黄油。

4 将冻过的油酥面团擀开，直径应至少比馅饼烤盘大5厘米，铺到烤盘里，冷藏30分钟。

5 制作杏仁酪时，首先需要将杏仁粉、糖、可可粉搅拌在一起，然后加入黄油，通过电动搅拌器（或木勺）搅拌至充分混合。逐个将鸡蛋搅打进去，继续搅拌，直至其变得匀滑。

6 用杏仁酪做夹心。将水煮梨对半切开，不要切到茎的位置，间隔3毫米左右切一片，从而形成风扇叶般的效果。将切好的梨片摆好，从而让梨片从杏仁酪顶部看起来，仍然有风扇叶般的效果。

7 将挞放入预热好的烤箱中烘烤30—40分钟，直到夹心凝固，酥皮也变成淡淡的金黄色。用小炖锅慢慢对杏仁酱进行加热。将温热的杏仁酱淋在烤好的香梨挞的表面上。

◆ 我经常将这款新鲜出炉的蛋糕，搭配凝脂奶油或焦糖冰淇淋，趁热食用。

其他口味选择

杏仁，梅子，苹果 制作杏仁酪时，你可以用同样重量的杏仁粉来代替可可粉。也可以用对半切开的杏子或李子、切片的苹果来代替梨子。

核桃挞
Walnut tarts

这款味道浓郁、营养丰富的核桃挞配一杯清茶，简直棒极了！我比较喜欢使用较深的馅饼烤盘来制作单个的挞。要确保的是你使用的是优质的核桃：法国和意大利的核桃是最好的。

分量 / 制作8个挞
准备时间 / 20分钟，冷藏时间另计
制作时间 / 30分钟

无盐黄油，用来涂抹
法式甜油酥面团600克（详见第208页“法式甜面团酥皮”），或2包375克装揉好、冷却好的甜油酥面团
中筋面粉，撒在烤盘上

夹心

核桃仁150克
精白砂糖85克
水50毫升
高脂厚奶油200毫升
液态蜂蜜2汤匙
蛋黄2个

1 将8个10厘米的馅饼烤盘稍微涂上一些黄油。将油酥面团在一个撒了一些面粉的案板上擀开，将其切成直径至少比模具宽5厘米的圆形面饼。给模具铺上切好的面饼，放到烤盘上，冷藏30分钟。

2 将烤箱预热到170℃或燃气3挡。

3 开始制作夹心，首先将核桃仁放入塑料袋中，用擀面杖打碎成较大的块状。

4 准备焦糖的时候，先将准备的糖和水放到炖锅中溶化，直至变成漂亮的金色，关火，加入奶油、蜂蜜、核桃，充分搅拌，然后把蛋黄液搅拌进去。

5 将拌好的核桃糊用勺子舀到馅饼盒子里，然后将装着核桃挞的烤盘放入预热好的烤箱，烘烤30分钟。

◆ 如果你喜欢的话，你也可以将一些核桃仁作为装饰，并用筛过的杏脯浇在核桃挞表面。这些小核桃挞最好趁热食用。

制作焦糖的时候，需要遵循以下这些小规则：

1 切勿搅拌焦糖。如果锅里的一部分糖率先溶化成焦糖，可以摇晃一下平底锅，或者将变成焦糖的部分向前拨。

2 在开始制作焦糖之前，要确保平底锅的侧面没有粘着糖。如果有的话，用湿的糕点刷把糖刷走。

3 当糖浆慢慢冒泡、变成漂亮的棕黄色时，说明焦糖已经做好了。

4 棕色的焦糖若继续加热，很容易烧焦，所以一定要注意。准备好一槽冷水，焦糖做好后，迅速将平底锅放到水槽里浸一下冷水。

5 如果做出来的焦糖有点结晶，看上去不完美，并不意味着焦糖失败了，只会稍稍影响口感。

英式杏仁挞
Bakewell tart

我知道你在想什么：一个法国人做的英式杏仁挞，能吃吗？正如很多传统糕点一样，像英式杏仁挞这样的经典点心并没有受到大众的欢迎，不过主要是因为商业生产时，常使用劣质的廉价食材。其实，如果做对了，真的很美味。

分量 / 可供8人食用
准备时间 / 55分钟，外加冷却时间
制作时间 / 30分钟

盲焙过的甜油酥面皮1个，直径约22厘米（详见第208页“法式甜面团酥皮”）

草莓夹心

蜜饯糖100克
柠檬1个，榨汁
水25毫升
优质新鲜草莓150克，去叶，对半切开
现磨黑胡椒粉（可选）

杏仁装饰

精白砂糖200克
杏仁粉200克
软化的无盐黄油200克
大鸡蛋2个
杏仁香精2滴

配餐

凝脂奶油

1 提前一天做好草莓馅。将糖、榨好的柠檬汁、水放到锅里煮沸。加入草莓，小火慢炖20分钟，成草莓酱。用胡椒碾磨器将黑胡椒磨成末，加入草莓酱，味道会更浓郁。将草莓酱放到碗中冷却一晚。

2 准备烘焙的时候，先将烤箱预热到180℃或燃气4挡。

3 制作杏仁酪装饰：将糖、杏仁粉、黄油放入碗里，用电动搅拌器或木勺子将这些材料都搅拌在一起，直到轻盈松软。一次加入一个鸡蛋，充分搅打，然后将杏仁香精也搅拌进去。

4 用抹刀将草莓夹心在馅饼壳上摊开，再涂一层杏仁酪。

5 放入预热好的烤箱中烤30分钟，直到表层烤成金黄色，就表示已经熟了。

◆ 这款英式杏仁挞最好搭配凝脂奶油，趁热食用。

碧根果南瓜挞
Pumpkin and pecan tart

这是一款美式经典挞，结合了美国最有名的两款食材，用碧根果糊覆盖辣味南瓜挞底，吃上去十分美味。在制作碧根果糊前，我喜欢先烘烤一下碧根果，吃起来会更加香脆可口。

分量 / 可供8人食用
准备时间 / 20分钟，外加冷却时间
制作时间 / 45分钟

无盐黄油，用来涂在模具上
中筋面粉，用以撒粉
法式甜油酥面团300克（详见第208页），或包装好、揉好的甜油酥面皮375克1包

夹心

牛奶75毫升
高脂厚奶油75毫升
鸡蛋3个
南瓜浆200克
金砂糖90克
肉桂粉1茶匙
姜粉、丁香粉、多香果粉各半茶匙
香草精1茶匙

装饰

去壳的烤碧根果200克，切碎
红糖85克
融化的无盐黄油3汤匙

1 将烤箱预热到180℃（风扇160℃）或燃气4挡。将一个直径为22厘米的活底馅饼烤盘涂上黄油。

2 将冻过的油酥面团擀开，直径应至少比馅饼烤盘大5厘米，铺到烤盘里，然后冷藏30分钟。

3 将全部夹心食材放到搅拌机或者食品加工机里面，搅拌2分钟。然后将拌好的夹心倒入油酥面团烤盘里，放入预热好的烤箱中。烘焙15分钟后，将烤箱温度下调到160℃（风扇140℃）或燃气3挡，继续烘焙30分钟。待烤肉叉子插到挞中间，拿出来后是干净的，就说明馅挞已经烤好了。取出，放置冷却。

4 制作装饰顶层时，先将坚果和糖搅拌到一起，然后拌入融化的黄油，直到坚果糊湿润松软。将拌好的坚果糊在挞的表层摊开，放入烤箱或架空烘烤，直到变成漂亮的金黄色。

◆ 这款挞要趁热食用——我最喜欢搭配法式酸奶油食用。

奥地利咖啡覆盆子挞
Austrian coffee tart with raspberries

这款轻如空气的挞是由一款奥地利经典菜式改变而来的，就像是挞、蛋白酥、蛋白杏仁饼干的大杂烩。

分量 / 可供8人食用
准备时间 / 10分钟
制作时间 / 30分钟

盲焙过的甜油酥馅面皮1个，直径约为22厘米（详见第208页）
新鲜覆盆子3小篮
糖粉，用来撒在挞上面

夹心

糖粉250克
咖啡香精1汤匙
蛋清4份

---

1 将烤箱预热到170℃（风扇150℃）或燃气3挡。

2 将糖粉、咖啡香精、1个鸡蛋清放入大碗，先用木勺，然后再用电动搅拌器，对碗里的食材进行搅拌，直至其变得十分松软。

3 再单独拿出一个碗，搅拌剩下的蛋清至湿性发泡。然后将蛋清用大金属勺拌入上一步准备好的咖啡糊中。

4 将咖啡蛋清糊倒入馅饼饼底，放入预热好的烤箱中烘焙30分钟。放置冷却。

5 用新鲜覆盆子覆盖挞的表层，撒上糖粉，即可食用。

蜂蜜杏子挞
Apricot and honey tart

这个食谱是我对一款叫作“Jalousie”的传统馅饼的尝试，我往这款挞中加入了中东风情。即使对我来说，中东的烹饪和烘焙都太甜了，但我仍然很喜欢中东的食物。这款片状的挞口感轻如羽毛，味道浓郁。

分量 / 可供6人食用

准备时间 / 约40分钟，外加冷却时间

制作时间 / 25—30分钟

中筋面粉，用作撒粉

千层酥皮面团（详见第204页“千层酥皮”）300克，或现成的酥皮面团1个，重约375克

蛋黄1个，和1汤匙的牛奶一起打发，刷在面团上

夹心

新鲜杏子300克

金砂糖85克

香草荚，剥开

水2茶匙

奶油干酪150克

肉桂粉2茶匙

鸡蛋2个

---

1 夹心制作：杏子洗净，对半切开，去掉果核，然后放到厚底炖锅中，加入精白砂糖、水、剥开的香草荚。用手或木勺子将这些材料充分搅拌，盖上盖子，用小火慢慢加热约30分钟，直到把杏子煮烂，制成果酱。将香草荚取出，杏子酱静置冷却。

2 与此同时，准备馅饼饼底。将酥皮面团在撒了面粉的案板上擀开，擀成两个约40×12厘米的矩形面团。拿出其中一个，在距离面团边缘2厘米处，用小尖刀划一些有规律的斜线，每条约长8厘米，每隔2—3厘米1条。两个矩形面团刷上一些蛋黄汁。将没切过的矩形面团放入烤盘，两个矩形面团一起放入冰箱冷藏30分钟。

3 将烤箱预热到200℃（风扇180℃）或燃气6挡。

4 将奶油干酪、肉桂粉、鸡蛋放入小碗里，混合搅拌到一起，抹刀在没切过的矩形面团上摊开。将冷却的杏子酱也倒到没切过的矩形面团上，轻轻将另一个矩形面团盖上。用手指将边缘捏在一起，从而密封好中间的夹心。

5 将剩下的蛋黄汁浇在整个挞上面。将装着挞的烤盘放入预热好的烤箱中烘烤25—30分钟，直到挞膨胀起来、变成漂亮的金黄色，就说明挞已经烤好了。在烘烤的过程中，开始用刀划的那些斜线将会张开口，让这款经典馅饼看上去更有传统的感觉。

将装了酥皮面团的烤盘直接放到烤箱架上，而不要再放到另一个烤盘里，因为必须对挞底直接加热。

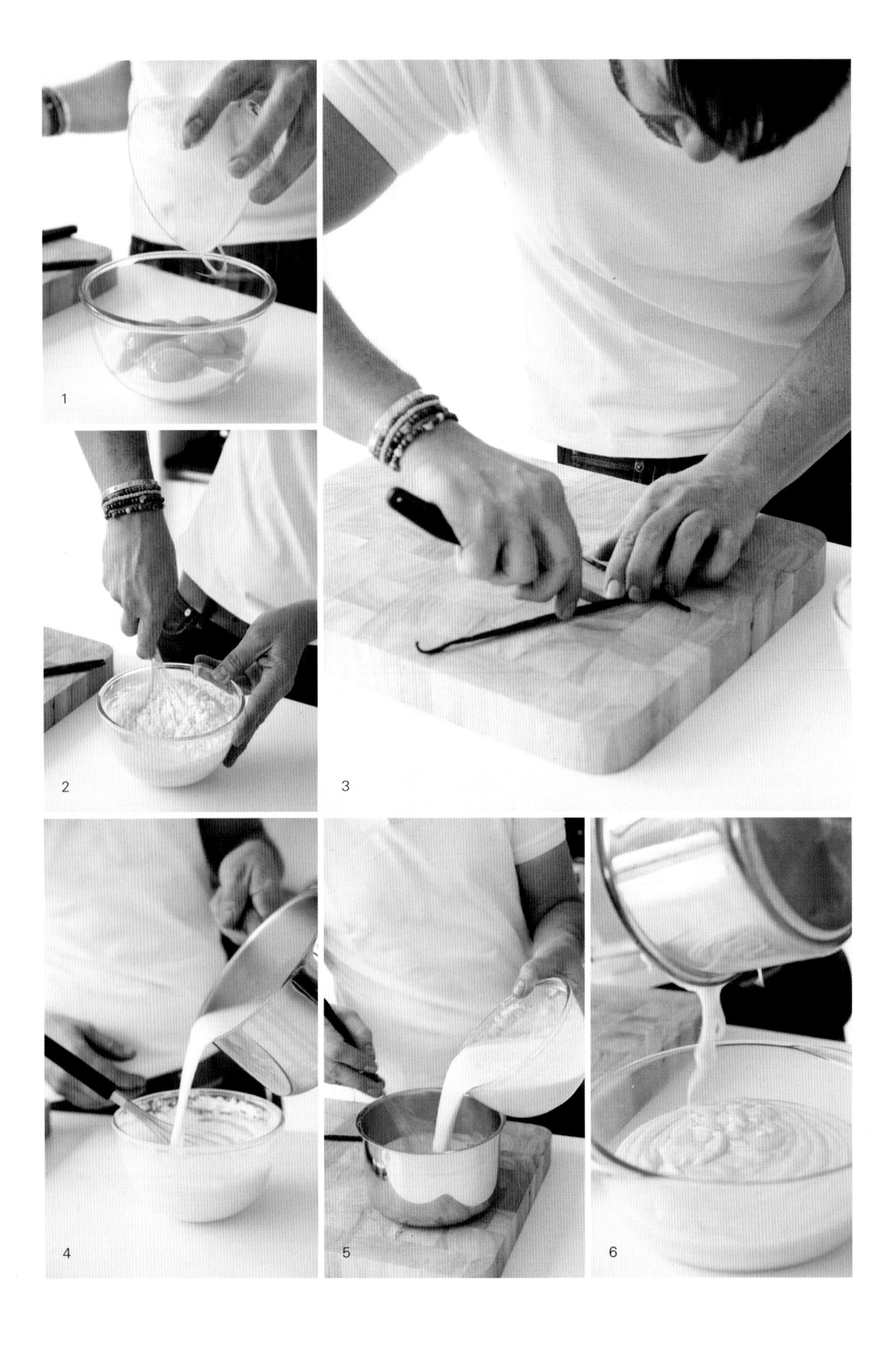
1
2
3
4
5
6

新鲜水果挞
Fresh fruit tart

在法国所有的蛋糕店橱窗里，你都可以看到这款漂亮的新鲜水果挞。这款水果挞最好是做好就马上吃掉，因为没什么比吃一个湿软的酥皮挞更糟糕。这款水果挞底部抹的是极好的法式酸奶油。

分量 / 可供8人食用

准备时间 / 30分钟，冷却时间另计

制作时间 / 20分钟

一份直径22厘米的烘焙好的甜油酥面皮（详见第208页的“法式甜面团酥皮”）

法式酸奶油（分量：400毫升）

蛋黄4个

精白砂糖100克

玉米淀粉25克

香草荚1个，剥开

牛奶350毫升

!

在盛热奶油的碗内壁先涂上一小方块黄油，这样可以防止起皮。

1 制作法式酸奶油：将蛋黄和糖放入碗中，用电动搅拌器以中速搅拌，直至轻盈浓稠，拌入玉米淀粉。

2 同时，将香草荚和牛奶倒入炖锅，用小火慢煨。取出香草荚，慢慢将煮好的牛奶倒入鸡蛋糊，继续搅拌。

3 将拌好的蛋奶糊倒入上一步煮牛奶的炖锅中，用中低温度加热，待其慢慢沸腾，必须保持沸腾以变浓稠。不停搅拌，继续加热2分钟，直到牛奶鸡蛋糊变得浓稠。我发现用小的搅拌器比较容易搅拌。

4 停止加热，将煮好的牛奶鸡蛋糊倒入碗中。用保鲜膜封住碗口，放置冷却。

可以选择以下几种馅来做挞：

草莓挞　在油酥面皮上涂上一层薄薄的优质草莓酱。用法式酸奶油充当挞的夹心（因为法式酸奶油会定型，所以需要搅拌才能变松软）。把整个或切半的新鲜草莓铺在挞的表面上，淋上筛过的热草莓酱。最后，用几个浸过巧克力的草莓做装饰。

热带水果挞　从香草海绵蛋糕上剪下一块和挞底同样大小的圆形蛋糕切片（约1厘米厚，详见第8页的“经典‘蛋糕男孩’香草海绵蛋糕”）。在蛋糕上到处洒一些黑朗姆酒，然后用法式酸奶油覆盖表面。将一些准备好的热带水果放上去：木瓜、新鲜杧果、百香果、各色浆果、阳桃。然后用糕点刷将热杏仁酱刷在表面。最后将一些切碎的椰肉、新鲜肉豆蔻撒在馅饼的边缘。

覆盆子罗勒挞　从香草海绵蛋糕上剪下一块和挞底同样大小的圆形蛋糕（约1厘米厚，详见第8页的“经典‘蛋糕男孩’香草海绵蛋糕”），将100克精白砂糖、50毫升水煮沸做成糖浆。停止加热后，往糖浆中加入一把新鲜罗勒叶。让罗勒叶浸泡在糖浆中，放置冷却。用滤网筛过糖浆，然后用糕点刷刷在海绵蛋糕上。将法式酸奶油在蛋糕上摊开，盖上新鲜的覆盆子。放入预热到180℃（风扇160℃）或燃气4挡的烤箱中烘烤10—15分钟，即可食用。

梨片翻转焦糖馅饼
Pear tarte tatin

这是一款法式经典，不过用梨子代替了苹果，需要趁热食用。我通常在烹饪主菜时就将其烤好，这样享用时，焦糖馅饼就可以翻转过来，让诱人的汁液流出来。杜松子会给梨片带来一种美好的味道。我希望你买个专门的焦糖烹饪锅，它锅底更厚，做起焦糖来更容易。

分量 / 可供6人食用
准备时间 / 35分钟，外加冷却的时间
制作时间 / 25分钟

千层酥皮面团（详见第204页“千层酥皮”）225克，或1个擀好的375克装酥皮面团，冷藏

中筋面粉，用作撒粉

软化的无盐黄油50克

金砂糖100克

梨味利口酒，或柠檬汁2汤匙

成熟的梨子4—6个

杜松子1茶匙

配餐

法式鲜奶油或鲜乳酪

将酥皮面团盖上水果前，需要用小刀将水果掀起，检查水果是否已经焦糖化：在烹煮10—15分钟之内，水果应该已经变成了较深的焦糖色，用手指触压时很有弹性。

1 将烤箱预热到220℃（风扇200℃）或燃气7挡。准备好一个直径为24厘米的焦糖翻转馅饼烤盘，或耐热的煎蛋平底锅。

2 将酥皮面团在稍微撒了一些面粉的案板上擀开。然后，用一个比你准备的锅稍微大一些的盘子当模板，切下一个圆形面团。用叉子在切下的面团上轻轻扎一些小洞，放入冰箱冷藏。然后开始准备其他的材料。

3 用手指将黄油压在锅底，直到黄油均匀平整地覆盖了锅底，将糖撒到黄油上。

4 将利口酒倒入大碗。若不想用酒，也可以用柠檬汁代替，这样可以防止水果变色。一次准备一个梨。将梨去皮、去核，切成4块，浸入利口酒或柠檬汁里。

5 将糖倒入制作焦糖的专用平底锅当中，用中高温加热。一定要注意观察砂糖颜色的变化，如果其中一部分糖变棕色的速度比其他部分快，要将锅移动并摇晃一下。待糖变成焦糖之后，迅速停止加热，撒入杜松子。

6 将梨片从汁水中取出。将梨片紧密地摆在装焦糖的平底锅中，确保梨片漂亮的弧形面轻轻压入焦糖，然后继续用中高温加热。梨片在加热的过程中会稍微有些收缩，所以可以往里面再添加一个或半个梨。烹煮10—15分钟，直到梨片变成漂亮的焦糖色。

7 停止加热，迅速将圆形面团盖在煮好的焦糖梨片上，然后将面团边缘向下折好压实。将平底锅放入预热好的烤箱中，烘烤25分钟，直到酥皮面团膨胀且变成漂亮的金黄色。如果有焦糖汁冒泡涌出，不必担心。

8 将烤好的挞从烤箱取出，放置5分钟。然后将一个温热的餐盘扣在酥皮烤盘上，把平底锅翻转过来，晃一晃，让挞从锅里倒出，将锅里的果汁浇在挞的表面。这款焦糖梨片翻转馅饼最好是搭配大量法式鲜奶油或鲜乳酪食用。

食用大黄苹果挞
Rhubarb and apple tarte Normande

这款法式苹果挞是一道非常可人的甜点，因为水果都是在浓郁的奶油蛋羹中烹饪出来的。根据季节，你可以选用青梅、樱桃等不同的水果。

分量 / 可供8人食用
准备时间 / 20分钟
制作时间 / 40分钟

盲焙好的直径22厘米的甜油酥面皮1个（详见第208页“法式甜面团酥皮”）
无盐黄油，用来涂抹烤盘
糖粉，用来装饰

夹心

苹果4个
大黄茎100克（最好是红色的）
无盐黄油35克
精白砂糖100克，外加2汤匙
肉桂粉半茶匙
高脂厚奶油100毫升
鸡蛋2个
苹果白兰地1汤匙

---

1 将烤箱预热到180℃（风扇160℃）或燃气4挡。

2 制作夹心：将苹果去皮、去核，并切成大块。将大黄茎尽可能撕细，切成条。

3 将黄油、100克糖、香料放入煎锅，加热至融化。然后将苹果和大黄茎放到锅里，烹煮几分钟，直到大黄茎变软、颜色煮出来。将煮好的苹果糊倒在馅饼皮上面。

4 将奶油和鸡蛋放入碗中搅拌均匀，然后加入剩下的2汤匙糖和苹果白兰地。将拌好的奶油鸡蛋糊倒在苹果糊上面。

5 放入预热好的烤箱中烘烤40分钟，直至其变成漂亮的金黄色。让挞放置在模具中冷却。

6 食用之前，在挞的边缘撒上一些糖粉装饰。

苹果柑橘挞
Apple tart with quince

在法国的任何蛋糕店里，你都可以找到这款经典的苹果挞。我奶奶的一个好朋友在制作这款苹果挞的时候，常常在苹果片中夹一些新鲜的柑橘片，她还把柑橘酱浇在苹果挞上面。

分量 / 可供6人食用

准备时间 / 40分钟，外加冷却和冷藏时间

制作时间 / 35分钟

无盐黄油，用以涂抹烤盘

法式甜油酥面团300克（详见第208页）或375克装揉好的甜油酥面团1个，冷藏好

中筋面粉，用以撒粉

柑橘酱或筛过的杏子酱，用来浇在挞上

夹心

大苹果5个

香草荚1个，剥开

金砂糖3汤匙

香草精1茶匙

柑橘1—2个（如果买不到柑橘，可以不用）

---

1 将烤箱预热到180℃（风扇160℃）或燃气4挡。将一个直径为22厘米的活底馅饼烤盘涂上黄油。

2 制作糖渍苹果：两个苹果去皮、去核，切成大块。将苹果块、香草荚、2汤匙糖一起放入合适大小的炖锅，盖上锅盖，放入预热好的烤箱中烘烤30分钟。然后从烤箱中取出，放置冷却。

3 同时，将冻过的油酥面团擀开，直径要至少比馅饼烤盘多5厘米，然后铺到烤盘里，冷藏30分钟。

4 把烤箱预热的温度与步骤1一样。

5 将剩下的苹果和柑橘去皮、去核，切成薄片。用调味抹刀将开始做好的糖渍苹果在烤好的油酥面团上摊开。然后将苹果片在面团上像风扇那样摆开，交替摆一些柑橘片。将剩下的糖轻轻撒在表面。

6 放入预热好的烤箱中烘烤35分钟，直至表面变成金黄色，且水果片的边缘开始变色，就说明已经烤好了。

7 让苹果挞在模具中放置冷却30分钟。加热一些柑橘酱或过筛的杏子酱，刷在水果片的表面，看上去会更漂亮、高档。

百香果柠檬挞
Lemon and passion fruit tart

这款挞从传统的柠檬挞改变而来。对我而言，用柠檬酱做的甜点太甜太腻，向来都不太喜欢。不过，这款加入了百香果的柠檬挞却味道极好，一顿大餐后，可以用这款甜点来开启味蕾清爽纯净的感觉。烘焙前，你也可以加入一些新鲜覆盆子。但是请记住，这款水果挞成功的关键在于“晃动”。

分量 / 可供8人食用
准备时间 / 20分钟
制作时间 / 25—30分钟

盲焙好直径22厘米的甜油酥面皮1个（详见第208页“法式甜面团酥皮”）
杏子酱2汤匙，用滤网筛过，用来浇在挞的表面
糖粉，用来装饰

夹心

鸡蛋5个
金砂糖150克
高脂厚奶油150毫升
柠檬2个，取皮磨碎，果肉榨汁
成熟的百香果2个，对半切开

1 将烤箱预热到150℃（风扇130℃）或燃气2挡。

2 将鸡蛋和糖放入碗中，用电动搅拌器搅拌，直至颜色变浅、质地松软匀滑。先拌入奶油，然后是柠檬皮碎、柠檬汁。用茶匙将百香果的果肉舀出，加入刚刚拌好的柠檬糊。我喜欢看百香果的黑色籽，所以没有去掉；不喜欢的话你也可以用滤网筛掉。将拌好的柠檬糊倒入量杯。

3 将烘焙好的甜油酥馅饼饼底放到烤盘里，放入预热好的烤箱。将烤箱架子抽出来，用量杯将柠檬糊倒上馅饼饼底。小心推入烤架，关上烤箱门。

4 烘烤25—30分钟，直至柠檬挞边缘凝固但中心能“晃动”！静置冷却。

5 用糕点刷将热杏仁酱或杏仁果胶刷在挞的表面，用一些新鲜的浆果装饰，最后撒上一层糖粉。

烘烤有液体夹心的馅饼时，可以在下面放个烤盘，免得液体夹心流出来滴在烤箱里。

比利时巧克力挞

Warm Belgian chocolate tart

这款挞是巧克力狂热粉丝们的最爱。在巧克力糊中加入两三盒新鲜覆盆子，会使挞的味道变得更好。

分量 / 可供8人食用

准备时间 / 40分钟，冷藏时间另计

制作时间 / 35分钟，静置时间另计

甜油酥馅饼饼皮

中筋面粉100克

精白砂糖85克

纯可可粉20克

无盐黄油85克，放置在室温下，外加些许以涂抹烤盘

鸡蛋1个

夹心

淡奶油150毫升

牛奶100毫升

香草荚1个

黑巧克力250克，捏成碎片

鸡蛋2个

1 首先，制作油酥面皮。将面粉、精白砂糖、可可粉倒入搅拌钵，充分拌匀。用指尖将黄油揉进面粉糊里。拌入鸡蛋，用手将拌好的面粉糊揉成面团，用保鲜膜包住，放入冰箱冷藏2个小时。如有需要，油酥面皮可以提前一天做好。

2 将冻过的油酥面团擀开，直径要比一个20厘米的活底馅饼烤盘至少大5厘米。用一些黄油涂在模具上，铺上擀好的面皮，冷藏30分钟。

3 将烤箱预热到180℃（风扇160℃）或燃气4挡。

4 同时，需要制作夹心。将奶油和牛奶放入搅拌钵中，用电动搅拌器充分搅匀，倒入炖锅，小火煮沸。把香草荚纵向切开，和里面的豆子一起拌入奶油糊，浸泡10分钟。

5 同时，融化巧克力。将巧克力片放入耐热碗，隔水加热巧克力片，时不时搅拌，直至巧克力完全融化。

6 将鸡蛋打到搅拌钵里面。将一半的奶油糊用滤网过滤，倒入鸡蛋中拌匀。将剩下的奶油糊也过滤，拌入鸡蛋糊，再次搅拌，用大金属勺拌入融化的巧克力。

7 将拌好的巧克力糊倒入酥皮面团烤盘里，放入预热好的烤箱中烘烤10分钟。然后将烤箱温度下调到110℃（风扇90℃）或燃气1/4挡，继续烘烤25分钟。关掉烤箱，让挞在烤箱中静置20分钟。

◆ 这款挞可以搭配凝脂奶油、白兰地味的淡奶油一起食用。

加斯科涅脆皮馅饼
Pastis Gascon

这款美味的点心同时也是一道十分神奇的点心。它食用的时候，都是端上桌再切开，酥脆馅饼被切开时，会迸发出嘎嘣嘎嘣的声音。我通常喜欢自己制作油酥面皮，但若时间有限，也可以使用现成的油酥面皮。

分量 / 可供6人食用
准备时间 / 浸泡过夜，外加15分钟
制作时间 / 40分钟

无盐黄油150克，融化
现成的千层酥饼1包

夹心

苹果4个，削皮、去核、切成薄片
去核西梅干150克，在白兰地中浸泡一夜
红糖200克

制作酥皮糕点时，用湿茶巾将不需要使用的薄酥皮盖住，防止其变干。

1 将烤箱预热到180℃（风扇160℃）或燃气4挡。将一个直径22厘米的挞环（做挞皮专用的圆环）放到烤盘上。用糕点刷给挞环的内侧和烤盘底刷上融化黄油。

2 将要用的千层酥饼拿出来，剩下的用湿布盖住。拿出一片酥皮，在上面刷一些融化黄油，切成又大又宽的带状，在模具底部交错铺开，层层叠放，使得一些面带悬挂在馅饼环的侧边上。刷上黄油、切成带状面团、交错叠放，以上操作重复3次，这时你的带状面团看起来就像个棋盘。

3 将苹果片和西梅干在馅饼上铺开，撒上一些红砂糖。将剩下涂了奶油的千层酥饼揉碎，撒在馅饼的最上面。放入预热好的烤箱中烘烤40分钟，直到酥皮面团变得金黄酥脆。

◆ 这款馅饼应该刚刚出炉时搭配香草奶油冻食用。

1
2
3
4
5
6
7
8
9

Los Angeles
California

蛋白酥

Meringues

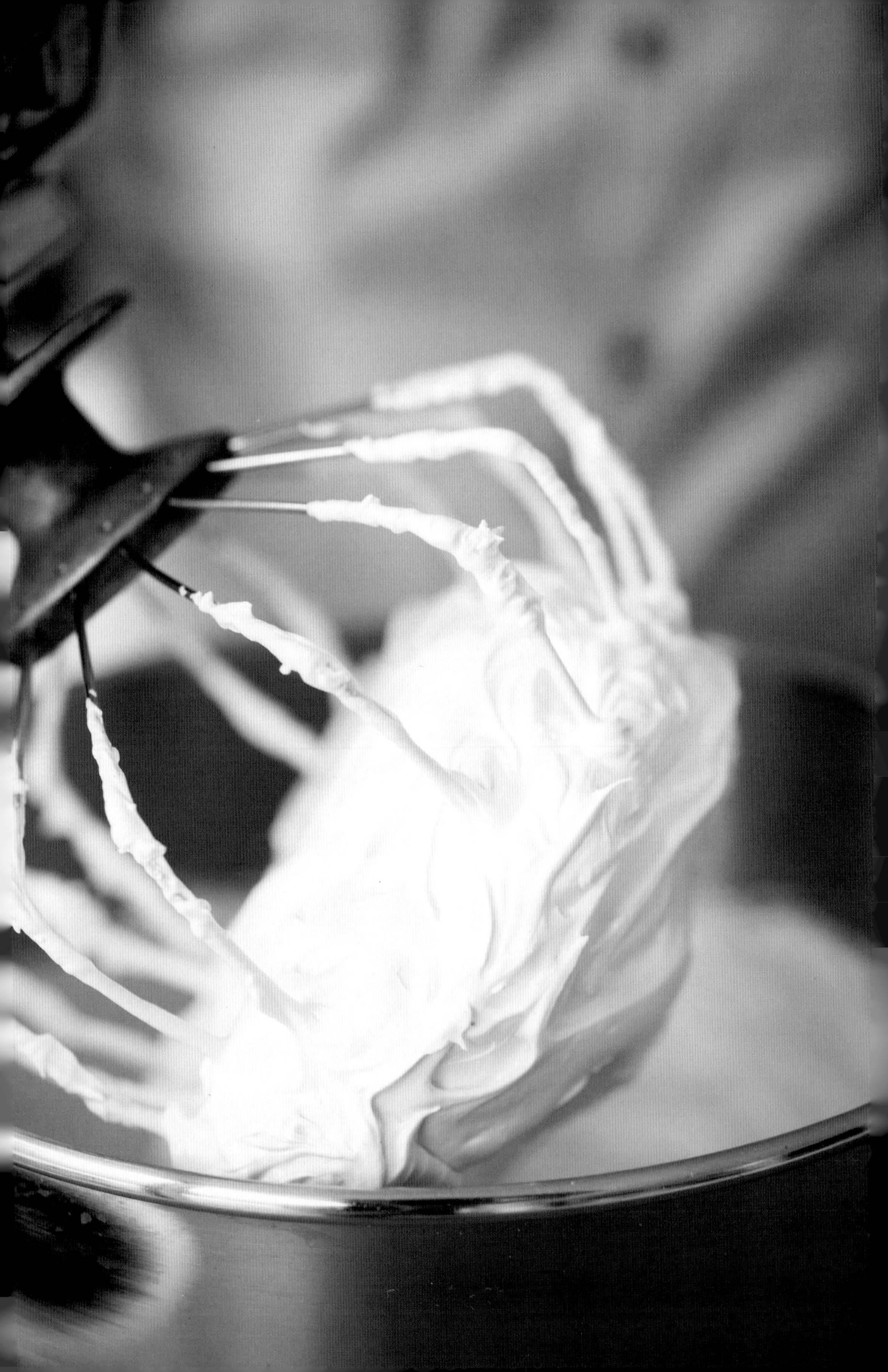

风靡了数个世纪的蛋白酥，是由蛋清和糖拌和在一起做成的。蛋白酥有很多不同的类型，这些不同类型的蛋白酥在材料的数量上有所不同。如果想要较为干燥酥脆的质感，可以用较低的温度慢慢烹饪；如果想要做成棉花糖效果，可以用较高的温度进行烹饪；同时，可以加上糖浆一起烹饪，用来做像柠檬蛋白派这样的糕点上的装饰部分。

制作美味的蛋白酥并没有太多秘诀。其中最重要的一点就是让所有工具都尽可能地清洁干燥，因为任何一点点油渍都会使你前功尽弃。同样的道理，小心地将蛋黄和蛋清分离开来也很重要，因为任何一点点蛋黄也足以毁了你的蛋白酥。同时，我还发现在室温下蛋清更适于制作蛋白酥。因此，在搅拌之前记得把蛋清从冰箱中提前拿出来。不要过度搅拌蛋清也是十分重要的，小心蛋清分解。

添加像坚果粉或调味料这样的食材时，我通常用大金属勺子将其拌入。这有助于尽可能地保留蛋白酥里面的空气。

意大利蛋白酥
Italian meringue

这款质地柔软的蛋白酥最常见是用作柠檬派的装饰配料、做成冰淇淋，或用来当水果慕斯蛋糕的饼底。糖浆制作时的高温不仅会烤熟蛋白酥，更能够消毒。可以用烤架来给蛋白酥着色，但是最好用厨用喷灯。

分量 / 可供4—6人食用

准备时间 / 20—30分钟

精白砂糖300克

玉米糖浆2汤匙

蛋清150克

注意煮焦糖时不要煮得太久，不要把糖煮成了混沌的棕色。它应该是透明的，就像热糖浆一样。糖浆温度计是制作这款蛋白酥必不可少的工具。

1 将砂糖、玉米糖浆、4汤匙水放入厚底炖锅（最好是铜质的），中火加热，搅拌至糖糊沸腾。

2 撇去浮沫，用蘸过水的糕点刷将炖锅壁的结晶刷下去。将火开大，迅速将糖浆煮好。

3 等糖浆的温度达到110℃时，用电动搅拌器将蛋清搅拌至干性发泡。待糖浆的温度达到120℃时，缓慢地将糖浆拌入蛋清，注意不要流到搅拌器上。

4 继续搅打至蛋清完全冷却，这个过程大约需要15分钟。最好是根据你自己所需的量来做蛋白酥。蛋白酥糊是不能保存的，若有一些没用完的，用勺子舀入裱花袋，挤上烤盘，放入温热（烤箱100℃、风扇烤箱80℃或最小燃气挡位）的烤箱中烘烤一夜，慢慢烘干。

200
C
180
160
140
120
1
2
3
4

瑞士蛋白酥
Swiss meringue

这道蛋白酥可以在密封罐里保存至少一周时间，因此会经常在甜品店的橱窗看到它的身影。

分量 / 可供4—6人食用

准备时间 / 10—15分钟

制作时间 / 1.5—2小时

蛋清4份

精白砂糖225克

搅拌蛋清时，需要确保碗里完全干净，没有任何油脂。将糖搅拌进去时，注意不要搅打太多，因为你可能还是会过度搅拌蛋清。拌入一半的砂糖就是为了防止过度搅拌。粗糖会使做出的蛋白酥的焦糖味更浓郁，并且质地更香糯黏滑。

1 将烤箱预热至120℃（风扇100℃）或燃气1/2挡。在两个烤盘里铺上一层不粘烘焙纸。

2 蛋清倒入大碗，用电动搅拌器搅打至湿性发泡。一次加入一汤匙砂糖，直到砂糖没了一半，然后再充分搅打至干性发泡。用一个大金属勺子小心拌入剩下的糖。

3 将少量蛋白糊涂在烘焙纸的几个角上，使其粘在烤盘上。将一匙蛋白糊小心地滴在烘焙纸上，中间留出一些间隔。

4 放入预热好的烤箱中烘焙1.5—2小时，直到蛋白酥变干，能轻易从纸上取下。在室温下放置冷却。

5 这些蛋白酥夹在生奶油中食用非常美味。同时，也可以将蛋白酥弄碎，和生奶油、新鲜的草莓搭配，做成伊顿麦斯（详见第84页“我的伊顿麦斯”）。

其他口味选择

咖啡榛子焦糖蛋白酥　将100克去壳去皮的榛子仁放入中温烤箱（详见第9页“核桃摩卡海绵蛋糕”）中烘烤10分钟。制作焦糖：将100克白砂糖和2汤匙水放入厚底炖锅，小火慢慢加热，不要搅拌。待糖完全溶化，将火调大，直至熬出漂亮的焦糖色。将烤好的榛子、1小杯意大利特浓咖啡拌入焦糖，倒入涂过黄油的烤盘，放置冷却。烘烤前，用擀面杖将榛子果仁糖碾碎，拌入蛋白糊。

覆盆子旋涡蛋白酥　经常有人问我，怎么样才能使涡形蛋白酥呈粉色？将2茶匙覆盆子烈酒、2—3滴天然覆盆子萃取精或调味料、用刀尖挑的一小团食用红色素放入一个小杯子。用木勺将这些材料充分混合，烘烤前放入拌好的蛋白糊。我喜欢用冷冻干燥的覆盆子来装饰蛋白酥。

巧克力旋涡蛋白酥　将100克黑巧克力（详见第60页“比利时巧克力挞”）融化。在烘烤之前，用木勺将融化的巧克力加入拌好的蛋白糊里，让蛋白酥有一种大理石纹路般的效果。

焦糖蛋白酥　用金砂糖给蛋白酥带来美妙的焦糖味。

1
2
3
4
5
6

法式马卡龙
Macaroons

这款甜点现在就变得很流行！很多年来，马卡龙都只是法式蛋糕店橱窗的装饰品而已。但是现在，这些饼干已经成为各种时尚场合或送礼的必备佳品。这款饼干的中间很有韧劲和弹性，虽然室温保存不能超过3天，但是冷藏可以保存很久。

分量 / 28个

准备时间 / 40分钟，外加静置时间和冷却时间

制作时间 / 12—15分钟

杏仁100克
糖粉100克
精白砂糖100克
蛋清90克（用3个大鸡蛋打出）

巧克力马卡龙

纯可可粉15克，过筛

夹心

黑巧克力酱

柠檬马卡龙

柠檬香精2滴
食用黄色素2滴

夹心

柠檬酱

玫瑰马卡龙

玫瑰香精2滴
食用粉红色素2滴

夹心

玫瑰花瓣酱

开心果马卡龙

开心果香精2滴
食用绿色素2滴

夹心

白巧克力酱

---

1 将杏仁粉和糖粉筛入碗中，让粉末更精细。

2 将蛋清放入大碗，用手持式电动搅拌器全速搅拌直到蛋清变稠，慢慢拌入砂糖，每次1茶匙，搅打至干性发泡。

3 将大金属勺子筛过的杏仁粉和糖粉、你选择的香料和色素一起拌入蛋清中。最终，蛋白糊会变得匀滑有光泽。

4 用裱花袋搭配15厘米的平裱花嘴，在铺了烘焙纸的烤盘里挤出一些直径为3厘米的圆形。放置5—10分钟，稍微干燥一些。同时，将烤箱预热到150℃（风扇130℃）或燃气2挡。

5 放入预热的烤箱中烘烤12—15分钟。

6 从烤箱中取出之后，尽快将烘焙纸提起，然后在烤盘和烘焙纸之间倒一些冷水，产生的水蒸气有助于轻松取出烤好的杏仁饼。放置在金属架上冷却。

7 待冷却之后，把夹心夹在两片杏仁饼中间。将做好的马卡龙摆好在盘子里，然后就可以开吃啦！

制作这款饼干时，很重要的一点就是使用90克的蛋清。现在，可以在超市和较好的食品店买到纸盒装的蛋清，更容易掌控蛋清的克数。

1
2
3
4
5
6
7
8
9

欧式棉花糖
Marshmallow strings

我在纽约一个梦幻般的糖果店发现了它，它们被剪成一小块一小块，静静地待在玻璃罐里，等待着来客把它们带回家。

分量 / 可供6人食用

准备时间 / 约40分钟，外加静置时间

糖粉50克

玉米淀粉20克

精白砂糖250克

水200毫升

蛋清90克（从3个大鸡蛋中打出）

白明胶粉2汤匙，溶化在4汤匙水之中（详见“小提示”）

香草荚1个，对半切开

将水倒入中等尺寸的碗里，然后将白明胶粉撒在水的表面。将碗倾斜，使所有的明胶粉都被水吸收，倾斜放置5分钟，再放到盛有微沸水的小炖锅里，直到明胶粉完全溶化成透明的液体。

1 将1个大小约18×28×5厘米（越长越好）的矩形烘烤盘或烧焗盘，铺上烘焙纸，将挨着烤盘的四个角剪开，使底部和侧面都能贴合在烤盘上。

2 将糖粉和玉米淀粉混合在一起，取一半筛入烤盘，在烤盘底部铺上厚厚一层。

3 制作糖浆：将精白砂糖和水倒入炖锅之中，慢慢加热，不要搅拌。等到砂糖完全溶化后，将火调大，煮沸，直至温度达到130℃，或糖温度计上起了糖球。

4 同时，用电动搅拌器搅打蛋清至干性发泡。

5 把热糖浆慢慢倒入到蛋清里面，然后将溶化的白明胶也以同样的方式搅拌进去。将香草荚的种子刮下来，拌入到蛋白糊，搅拌。也可以选择不同的调味料和色素，详见下文。

6 将热的蛋白糊舀到准备好的烤盘之中，摊开成均匀的一层，撒上剩下的糖粉和玉米淀粉。放置冷却至少数小时。

7 将烘焙纸和棉花糖从模具中取出，放上案板，剥去烘焙纸。把刀先在热水中浸泡，然后再切棉花糖，切成长条状后，迅速将棉花糖放入密闭容器中储存，否则很快就会变干。

其他口味选择

制作杏仁饼时，可以用不同的食品色素和调味料来搭配：粉红色搭配覆盆子，淡紫色搭配薰衣草，绿色搭配开心果，白色搭配香草等。

1
2
3
4
5
6
7
8
9

奶油水果蛋白饼“百露华”
Pavlova

这又是一种不同类型的蛋白酥，起源于澳大利亚。它特别添加了食醋，吃起来中间柔软、有嚼劲。它还有大量的生鲜奶油和浆果、水果，简直是夏日点心的完美选择。我非常喜欢这款点心拙朴的外观，所以我不会下功夫让它看上去太完美。为了不让蛋白酥被水果泡软，不到上桌前一秒（注意不是分钟！）都不要把水果装饰放上去。

分量 / 可供6人食用

准备时间 / 约30分钟，外加冷却时间

制作时间 / 1小时30分钟

蛋清4份

金砂糖225克

玉米淀粉1茶匙

白葡萄酒醋1茶匙

香草荚1个，对半切开，取其种子

装饰

高脂厚奶油300毫升

香草糖50克（详见“小提示”）

时令水果

!

只需要将香草荚放到装糖的容器中保存，就能做出香草糖。糖会吸收香草的味道，也可以在一些超市买到香草糖。

1 将烤箱预热到180℃（风扇160℃）或燃气4挡。在烤盘里铺上烘焙纸。

2 将蛋清放入碗中，用电动搅拌器搅拌，直至刚刚干性发泡、有光泽。每次加入2茶匙糖，逐步拌入，每次加糖前都要确保充分搅拌。依次拌入玉米淀粉、白葡萄酒醋、香草荚种子。

3 将搅拌好的蛋白糊用勺子舀到烤盘里，用抹刀将其大致摊开成一个直径约20厘米的圆形。

4 将烤盘放入预热好的烤箱之中，将温度下调到120℃（风扇100℃）或燃气1/2挡，烘烤1.5小时。关掉烤箱，让奶油蛋白饼在烤箱中自然凉却，直至完全冷却、能够轻易剥去外面的烘焙纸。

5 小心将奶油蛋白饼转移到餐盘里面。不用担心，即使蛋白饼裂开也不影响口感。

6 将高脂厚奶油和香草糖搅拌在一起。食用前，将拌好的奶油用勺子涂在蛋白饼的表面，将时令水果摆在最上面即可。

其他口味选择

热带奶油蛋白饼　将2汤匙黑朗姆酒加入到生奶油里面。用新鲜杧果片、菠萝片、百香果的果肉放在蛋白饼表面做装饰。

咖啡榛子奶油蛋白饼　烘烤前，将100克切碎的烤榛子仁、2茶匙咖啡精拌入蛋白糊。食用时可以装饰一些新鲜覆盆子。

巧克力奶油蛋白饼　在烘烤之前，将100克融化的巧克力搅拌到蛋白糊里面。烤好之后，用生奶油涂在表层，然后用大量白巧克力、牛奶巧克力、黑巧克力的刨花来做装饰。

我的伊顿麦斯
My Eton mess

这款甜点包含了我最喜欢的食物：覆盆子、马斯卡彭奶酪、奶油、跳跳糖……这款甜点通常都是放在玻璃餐盘中，看上去十分漂亮，令人食指大动！

分量 / 可供6人食用
准备时间 / 20分钟

新鲜覆盆子2小篮，外加一些用于装饰的
覆盆子利口酒2茶匙（也可以用红石榴汁或伏特加）
淡奶油250毫升
香草糖50克（详见第83页的“小提示”）
金砂糖100克
马斯卡彭奶酪250克
蛋白酥或巢形蛋白酥，自制或买的都可以，弄成碎块
草莓跳跳糖2—3小包（在较好的糖果店或“蛋糕男孩”可以买到）

---

1 首先制作覆盆子酱汁或调味汁。将两小篮覆盆子（约350克）放入炖锅中，加入利口酒，用小火慢慢炖煮，直到覆盆子开始变软。用叉子将覆盆子糊大致捣碎一下，然后放置冷却。

2 将奶油、香草糖、金砂糖一起放入大碗，用电动搅拌器搅打至湿性发泡。

3 拿出另外一个大碗，将马斯卡彭奶酪放入里面，搅拌使之变软。然后将上一步拌好的奶油也搅拌进去。

4 现在我们可以开始做“什锦馅”了。另外拿出一个玻璃盘子，将所有不同的食材都放在盘子里，尽可能摆得漂亮诱人些。将剩下的覆盆子摆在表面，食用时撒上跳跳糖。接下来，就等待跳跳糖神奇的反应吧！

柠檬蛋白卷
Lemon meringue roulade

这道蛋白卷添加了些杏仁粉。成功制作这款蛋糕的诀窍是使用上好的柠檬酱（最好是自制的）。至于蛋白酥，为了让它嚼起来尽可能酥脆，需要到最后一刻才灌上夹心卷起。如果你做得太早，蛋白酥皮会融化掉的。

分量 / 可供6人食用
准备时间 / 30分钟，外加冷却时间
制作时间 / 20分钟

玉米淀粉1茶匙
香草精1茶匙
白葡萄酒醋1茶匙
蛋清4份
精白砂糖150克
杏仁粉75克
杏仁薄片40克

夹心

柠檬酱300克（自制柠檬酱请详见第130页“柠檬酱方形小蛋糕”）
淡奶油175毫升

配餐

糖粉，用以撒粉
时令浆果

!

这款甜品很重要的一点是，你必须在食用前才能卷起它，因为蛋白酥很快就会开始变软。

1 将烤箱预热至160℃（风扇140℃）或燃气3挡。在一个瑞士卷蛋糕烤盘（从模具的底部测量至少有23×30厘米）里铺上一张不粘烘焙纸或硅胶垫。

2 将玉米淀粉、香草精、白葡萄酒醋放入小碗，充分搅拌至匀滑的糊状。

3 将蛋清放到一个清洁干燥的碗中，用电动搅拌器搅打至干性发泡。逐步加入砂糖，每次2茶匙，加入前要充分搅拌。然后，用一根大金属勺子轻轻将玉米粉糊和杏仁粉拌入蛋白糊。

4 用勺子将拌好的蛋白糊舀到准备好的蛋糕烤盘之中，用抹刀抹平表面。在表面撒上杏仁薄片。

5 放入预热好的烤箱，烘烤大约20分钟。此时，蛋白酥应该呈淡淡的金黄色，摸上去松脆干燥。从烤箱中取出，放置冷却。

6 把奶油搅打至湿性发泡。

7 将一张烘焙纸在案板上铺开，将烤好的蛋白酥倒在上面，剥去烘焙纸。

8 将柠檬酱在蛋白酥上面摊开，放上奶油抹匀。从较长的一端卷起，可以用烘焙纸帮忙。卷起时，蛋白酥会稍微有些破裂。

9 将蛋白酥卷放上餐盘，撒上一层厚厚的糖粉。切成薄片，搭配时令浆果食用。

热烤阿拉斯加
Baked Alaska

这款蛋糕从未失去过魅力！它用的是最好的甜美多汁的水果和上好的冰淇淋。这款甜品令人印象深刻的就是它那团燃烧的冰淇淋火团，很是夺人眼球。

分量 / 可供8人食用

准备时间 / 大约30分钟，外加冷冻时间和冷却时间

制作时间 / 35分钟

冰淇淋

香草冰淇淋1.5升

各色干果125克，浸泡在法国柑曼怡酒之中

海绵蛋糕

无盐黄油175克，软化，外加些许用以涂抹烤盘

精白砂糖175克

鸡蛋3个，打散

柠檬1个，取柠檬皮切碎和柠檬肉榨汁

自发面粉175克，过筛

蛋白酥

蛋清6个

精白砂糖400克

火焰

杏子酱4汤匙

柑曼怡酒25毫升

1 将冰淇淋软化；方便起见，可以使用带搅拌功能的混合器。将浸泡过的混合干果放入到软化的冰淇淋中，倒入一个条形蛋糕烤盘，重新冷冻。

2 将烤箱预热到190℃（风扇170℃）或燃气5挡。将另一个条形蛋糕烤盘稍微涂上一些黄油。

3 将黄油和糖放到碗里，用电动搅拌器搅拌至松软轻盈。加入打散的鸡蛋，每次加入一点，待完全混合，再继续添加。然后拌入柠檬皮碎和柠檬汁。面粉过筛到碗里，用大金属勺子拌入。

4 将上一步拌好的蛋糕糊倒入涂了黄油的烤盘之中，然后放入预热好的烤箱里烘烤约25分钟，待烤肉叉子插到蛋糕中间拿出来后是干净的，就说明已经烤好了。让蛋糕在模具中放置冷却10分钟，然后转移到金属架中完全冷却。

5 等海绵蛋糕完全冷却，就可以开始做蛋白酥了。将蛋清放入碗中，用电动搅拌器搅打，逐步拌入砂糖，直到蛋白糊表面光滑，又有点硬。

6 将一层蛋白糊涂在第三个条形蛋糕烤盘的底部（不要涂太厚）。将烤好的海绵蛋糕水平地切成两半，杏子酱涂在切开的两端。将其中的一块蛋糕涂了杏子酱的一面朝上，摆在蛋白酥上面。将冰淇淋从模具中取出来。另一块蛋糕涂了杏子酱的一面朝下，摆在冰淇淋上面。用剩下的蛋白酥盖住冰淇淋，像一个圆顶建筑一样将蛋糕密封起来。放回冰箱中冷冻至凝固。

7 将烤箱预热到220℃（风扇200℃）或燃气7挡。将冰淇淋蛋糕从冰箱中取出，迅速放入预热好的烤箱。烘烤8—10分钟，直到蛋白酥上色；也可以用厨用喷灯最后给蛋白酥增加一些颜色。

8 将柑曼怡酒倒入小炖锅中加热。小心点燃，上桌前浇在蛋糕上。

你需要3个尺寸和形状大致相同的矩形容器（条形蛋糕烤盘是不错的选择，可以供烘烤和冷冻）。

玛芬蛋糕和纸杯蛋糕

Muffins & cupcakes

玛芬和纸杯蛋糕已经成为我们家庭烘焙和日常生活很重要的一部分。我们在一天的任何时间都可以吃玛芬，尤其是在晨间咖啡或下午茶期间。但就个人而言，我也很喜欢把玛芬当早餐。我经常会在玛芬里面加某种果酱，这将给玛芬带来新的口感和味道。轻轻咬上一口，你会对这新鲜的味道感到惊喜。纸杯蛋糕则更加适合下午茶时间，我觉得纸杯蛋糕也丰富了孩子的午餐盒。

制作玛芬和纸杯蛋糕时，要尽量买最好的食材。当然，你的烤盘和纸盒也都应该是经过精挑细选的。相比于防油纸盒，金属盒能够让你的玛芬和纸杯蛋糕松软香糯的口感保存更久，不过在我家里，这些蛋糕都是放不久的！确保你买的是较深的玛芬托盘和较大的玛芬盒。往玛芬盒里装蛋糕糊时，应该要恰好装满，从而使烘烤之后蛋糕糊溢出，形成可爱的玛芬的形状。

给纸杯蛋糕做表层糖衣的时候，用小抹刀或裱花袋。如果用的是裱花袋，那么用星形裱花嘴效果更好，如红丝绒杯形蛋糕（详见第104页）；平裱花嘴也很有效，如印度茶纸杯蛋糕（详见第108页）。

和聪明豆、麦提莎一样，珍珠糖和糖花也是非常甜的。如果用在整个或切片的新鲜水果蛋糕上做装饰，看上去会十分可爱，特别适合用来做儿童蛋糕。

蓝莓玛芬
Blueberry muffins

我们池塘另一边的朋友（注：池塘，这里是对北大西洋的戏语，“池塘另一边的朋友”是作者对美国人的戏称。）是最会做玛芬和纸杯蛋糕的。我自己的“蛋糕男孩”店面每天都能卖出上百份美味的玛芬。我喜欢在玛芬的中间放大量的新鲜蓝莓，咬开或切开玛芬时，蓝莓的香味便会扑鼻而来，带来无限惊喜。

分量 / 12个
准备时间 / 25分钟
制作时间 / 25分钟

蓝莓夹心

蓝莓150克
精白砂糖50克

玛芬

鸡蛋2个
精白砂糖200克
植物油125毫升
香草精半茶匙
中筋面粉250克
盐半茶匙
泡打粉半茶匙
酸奶油250毫升

1 首先制作蓝莓夹心。将蓝莓和砂糖放入炖锅中，用小火慢炖，时不时地搅拌一下，直到蓝莓被煮得爆开。放置冷却。

2 将烤箱预热至200℃（风扇180℃）或燃气6挡。给12连玛芬烤模铺上玛芬纸。

3 接下来需要准备蛋糕糊。将鸡蛋打入大碗，用电动搅拌器一边搅拌，一边逐渐加入砂糖，慢慢倒入植物油，再拌入香草精。

4 另取一碗，筛入面粉、盐、泡打粉。将面粉之类的干燥食材和酸奶油交替拌入鸡蛋糊。

5 用勺子将蛋糕糊舀入玛芬模，每个玛芬模填满一半即可，再舀入1汤匙蓝莓夹心，然后将剩下的蛋糕糊分别舀到模具里面。

6 放入预热好的烤箱中烘烤25分钟，直到插入超薄刀片，拿出来时是干净、没有粘着蛋糕糊即可。将烤好的玛芬放上金属架冷却。

7 我喜欢在玛芬的表面涂一些蓝莓酱食用——这简直是早餐或午餐的完美享受。

蜜桃冰淇淋玛芬
Peach melba muffins

这是夏日午后的露天场所最为风靡的一款玛芬。这款玛芬更多的是用来当甜品食用，因为它非常新鲜可口。

分量 / 12个
准备时间 / 45分钟，外加冷却的时间
制作时间 / 25分钟

蜜桃夹心

熟蜜桃2个
精白砂糖100克
水100毫升
香草荚半个，剥开

玛芬

鸡蛋2个
精白砂糖200克
植物油125毫升
香草精半茶匙
中筋面粉250克
盐半茶匙
泡打粉半茶匙
酸奶油250毫升
新鲜覆盆子1篮（125克），外加些许用作装饰
较稠的高脂厚奶油或凝脂奶油125毫升
柠檬1个，取皮研碎
糖粉，用来撒在玛芬表面

1 制作蜜桃夹心。小炖锅装满水烧开，放入蜜桃，煮30秒。用大漏勺捞起蜜桃，利刀削皮。

2 倒掉炖锅中的水，放入砂糖、100毫升水、香草荚。将锅里的食材煮沸，熬成糖浆。加入削皮的蜜桃，小火炖15—20分钟。让蜜桃留在糖浆中冷却，然后从中切开，去掉果核，切成小方块。将香草荚从糖浆中取出，然后将切好的蜜桃重新拌入。

3 烤箱预热至200℃（风扇180℃）或燃气6挡。把玛芬纸铺到玛芬模具里。

4 接下来，需要制作玛芬的蛋糕糊。将鸡蛋打入大碗里，用电动搅拌器进行搅拌，同时逐步将糖也搅拌进去。然后继续搅拌的同时倒入植物油，最后将香草精也搅拌进去。

5 另外拿出一个碗，筛入面粉、盐、泡打粉。将面粉之类的干燥食材和酸奶油交替拌入鸡蛋糊。

6 用勺子将蛋糕糊舀入玛芬模，填满一半即可。将蜜桃夹心中的糖浆倒掉，往每个模具中舀1汤匙蜜桃夹心，然后将剩下的蛋糕糊分别舀到模具里面。

7 放入预热好的烤箱中烘烤25分钟，直到将刀片插入进去，拿出来是干净的即可。将烤好的玛芬放到金属架上冷却。

8 制作蛋糕的表层装饰：用叉子将新鲜的覆盆子大致捣碎。用一把小抹刀将一些奶油在玛芬的表面摊开，摊开覆盆子糊。如果喜欢，还可以放几颗完整的覆盆子。将柠檬皮碎和糖霜依次撒在最上面。

柠檬酸奶玛芬

Lemon, yoghurt and poppy seed muffins

用这款风味浓厚的玛芬当早餐能够唤醒你一天的活力。这些松软的小蛋糕是开启你崭新一天的完美方式。

分量 / 12个

准备时间 / 10分钟

制作时间 / 20分钟

无盐黄油160克，软化

精白砂糖100克

鸡蛋2个

原味酸奶200克

柠檬汁2茶匙

柠檬油半茶匙

柠檬1个，取皮研碎

中筋面粉200克

泡打粉1茶匙

罂粟籽2茶匙

优质柠檬酱1罐，或自制柠檬酱更好（详见第130页“柠檬酱方形小蛋糕”的小提示）

---

1 将烤箱预热至200℃（风扇180℃）或燃气6挡。给12连玛芬烤模铺上玛芬纸模。

2 将黄油和砂糖放入碗中，用电动搅拌器搅打至松软轻盈。继续搅打，放入鸡蛋，一次一个。然后依次拌入原味酸奶、柠檬汁、柠檬油、柠檬皮碎。

3 将面粉和泡打粉筛入黄油糊，用大金属勺拌入罂粟籽，直到这些食材完全融合。

4 用勺子将蛋糕糊分别舀入玛芬模，填满一半即可。每个模中舀入2茶匙柠檬酱，再分别舀入剩下的蛋糕糊，将模具填满。

5 放入预热好的烤箱中烘烤20分钟。将烤好的玛芬放到金属架中冷却。

!

若不喜欢罂粟籽，可以用柠檬糖衣来代替。将50毫升水、200克糖粉、1个柠檬的柠檬皮碎和柠檬汁搅拌到一起。趁热将柠檬糖衣淋上蛋糕表面即可。

蛋白柠檬蛋糕
Lemon meringue cupcakes

这些小可爱是柠檬海绵蛋糕和柠檬蛋白酥馅饼的结合。

分量 / 12个
准备时间 / 20分钟
制作时间 / 15—20分钟

蛋糕

无盐黄油100克，软化
精白砂糖100克
香草荚1个，剥开
鸡蛋2个
自发面粉100克，过筛
柠檬1个，取皮研碎
现成或自制柠檬酱75克（详见第130页的“柠檬酱方形小蛋糕”）

蛋白酥

蛋清2份
精白砂糖100克

为了避免裱花袋里的蛋白酥被弄得一片狼藉，可以将裱花袋放入高脚杯或量杯，并将顶部沿着边缘折叠好，填好馅料以后（别填得太多）再拿出来用。

1 将烤箱预热至200℃（风扇180℃）或燃气6挡。给12连玛芬烤模铺上玛芬纸。

2 制作纸杯蛋糕：将黄油、砂糖、香草籽放入大搅拌钵，用电动搅拌器搅拌，直至质地松软轻盈、颜色变浅、混合均匀。

3 一次打入一个鸡蛋，充分搅打，务必完全融入黄油糊。将筛过的面粉和柠檬皮碎拌入黄油糊，使之完全混合。

4 用勺子将蛋糕糊舀入蛋糕纸杯中，每个放1茶匙柠檬酱。

5 将纸杯蛋糕放入预热好的烤箱中烘烤15—20分钟，直至蛋糕变成浅金色，轻按中间会弹回。

6 同时，需要制作蛋白酥。搅拌蛋清，直到拿出打蛋器时形成湿性发泡。逐步加入砂糖，继续搅打，直至拿出打蛋器时形成湿性发泡。搅好的蛋白糊应该光滑浓稠。

7 待蛋糕烤好后，关掉烤箱，将烤架调到最高的设置预热。

8 将蛋白酥舀到装了小平嘴的裱花袋里，每个裱上一朵螺旋状的花，然后放到预热好的烤架下烘烤2分钟使蛋白酥表面变色。你也可以用厨用喷灯来烘烤蛋白酥。

苹果太妃糖玛芬
Toffee and apple sauce muffins

这是所有玛芬中我最喜欢的一款。太妃糖、苹果、味道浓郁的肉桂相结合，简直是最纯粹的享受。

分量 / 12个
准备时间 / 25分钟，冷却时间另计
制作时间 / 20—25分钟

苹果酱

布拉姆利苹果（约1个大苹果）300克
浅色红糖100克
肉桂粉1茶匙
卡巴度斯苹果酒2茶匙

玛芬

中筋面粉275克
精白砂糖100克
泡打粉1汤匙
无盐黄油75克，软化
大鸡蛋2个
全脂牛奶125毫升
自制或市售软糖100克，切成小块
肉桂糖2汤匙（2汤匙软红糖、1/4茶匙肉桂粉混合而成）
糖粉，用作撒粉

---

1 制作苹果酱：将苹果削皮、去核，切成小方块。将切好的苹果、糖、肉桂粉、卡巴度斯苹果酒、1茶匙水放入炖锅，小火慢煮，直到苹果变软，但还没煮成糊状即可。放置冷却。

2 将烤箱预热至200℃（风扇180℃）或燃气6挡。给12连玛芬烤模铺上玛芬纸。

3 将面粉、糖、泡打粉筛入大搅拌钵里。

4 将黄油和鸡蛋搅打在一起，然后加入牛奶，拌入软糖。将黄油蛋奶糊拌入上一步装面粉的搅拌钵中，充分搅拌至完全融合，小心不要过度搅拌。如果蛋糕糊里面有少量凝结成团的，也不要紧。

5 将一半的蛋糕糊用勺子舀入各个玛芬模中，填满一半即可。将三分之二的苹果酱舀入玛芬模里（需要确保苹果酱的稠度和蛋糕糊一致，从而防止苹果酱沉入蛋糕糊之中）。然后将剩下的蛋糕糊分别舀到各个玛芬盒里面。用小勺子将苹果酱在蛋糕糊表面裱成旋涡状，撒上大量肉桂糖。

6 放入预热好的烤箱中烘烤20—25分钟。将烤好的玛芬放到金属架中冷却。

7 食用时，在表面撒一些糖粉。这款玛芬趁热食用的话，香糯的苹果酱和融化的软糖会使味道更为美妙！

烤香蕉玛芬
Roasted banana muffins

这是一款极其美味的香蕉玛芬！不用添加任何香蕉调味剂或香蕉精，烘烤过的熟香蕉本身的味道已经足够。加入几滴黑朗姆酒，可令这些小蛋糕的味道更多变，让人无法自拔。

分量 / 12个
准备时间 / 40分钟
制作时间 / 20分钟

玛芬

熟香蕉2根
浅黑棕糖50克
香草精1茶匙
肉桂粉1茶匙
黑朗姆酒2茶匙（非必需，但非常棒！）
无盐黄油85克
鸡蛋2个
牛奶125毫升
自发面粉250克
泡打粉1.5茶匙
精白砂糖125克

装饰

干香蕉片

1 将烤箱预热至180℃（风扇160℃）或燃气4挡。给12连玛芬烤模铺上玛芬纸。

2 首先是烘烤香蕉。拿出一大张箔纸垫在烤盘里，将香蕉剥皮放在箔纸上。在香蕉上撒上浅黑棕糖、香草精、肉桂粉、朗姆酒（如使用）。卷起箔纸，将香蕉等食材包起，注意要包严实。放入预热好的烤箱中烘烤15—20分钟，放置冷却。

3 将黄油融化，放置冷却。将烤好的香蕉捣碎。另外拿出一个碗，用叉子将鸡蛋、融化黄油、牛奶搅打在一起。将捣碎的香蕉加入进去，搅拌均匀。

4 在干燥食材中间掏一个洞，倒入香蕉鸡蛋糊，用叉子大致搅拌一下（不要过度搅拌），拌成粗糙的蛋糕糊。

5 用勺子将蛋糕糊舀到纸杯里面，将纸杯填满，在表面放一些香蕉片。放入预热好的烤箱中烘烤20分钟，然后将烤好的玛芬放到金属架中冷却。

◆ 我喜欢在表面放一些液态蜂蜜和切碎的开心果仁，搭配原味希腊酸奶，趁热食用。

小胡瓜全麦玛芬
Wholemeal courgette and seed muffins

如果是出于健康的考虑，或者想让孩子多吃点膳食纤维，那这款玛芬则是个很完美的选择。

分量 / 12个
准备时间 / 15分钟
制作时间 / 25分钟

玛芬

全麦面粉225克
泡打粉1.5汤匙
盐半茶匙
肉桂粉1茶匙
牛奶175毫升
鸡蛋2个，稍微打散
植物油4汤匙
液态蜂蜜4汤匙
小胡瓜125克，磨碎

装饰

南瓜子、葵花籽仁、燕麦片各半茶匙，混合在一起

1 将烤箱预热至180℃（风扇160℃）或燃气4挡。给12连玛芬烤模铺上玛芬纸。

2 将全麦面粉、泡打粉、盐、肉桂粉筛入碗里，充分混合。全麦面粉的麸皮会留在滤网里面，筛好之后也要将麸皮倒入碗里。

3 将牛奶、鸡蛋、植物油、蜂蜜、磨碎的小胡瓜放入碗中拌匀，倒入装干燥食材的碗里，充分搅拌均匀。这样拌出来的蛋糕糊将比以往的玛芬蛋糕糊质地更浓稠。

4 将蛋糕糊舀到玛芬纸杯中，将纸杯填满，在表面撒上各类果仁和燕麦片。放入预热好的烤箱中烘烤25分钟，直到膨胀变大，变成金黄色，且叉子插进去之后拿出来是干净的，没有粘着蛋糕糊即可。把蛋糕转移到金属架中冷却。

红丝绒杯形蛋糕
Red velvet cupcakes

这款蛋糕是我的美国朋友劳瑞教我的，她也是从亲戚那儿学来的。和大多数纸杯蛋糕不一样，这款蛋糕没有添加任何的食品色素，它好看的颜色是由其中的小苏打和食醋反应产生。

分量 / 24个
准备时间 / 30分钟
制作时间 / 20分钟

纸杯蛋糕

纯可可粉75克
香草精1.5茶匙
无盐黄油125克，软化
精白砂糖250克
蛋黄4个
脱脂牛奶240毫升
精盐1茶匙
中筋面粉325克，过筛
小苏打1茶匙
白葡萄酒醋1茶匙

糖霜

牛奶240毫升
中筋面粉3汤匙
精盐少许
黑巧克力（62%可可含量）或白巧克力225克，捏成碎片
无盐黄油200克，软化
糖粉300克
纯可可粉2汤匙（若制作白巧克力糖霜则不需使用）
香草精1茶匙（若制作白巧克力糖霜则不需使用）

1 将烤箱预热至180℃（风扇160℃）或燃气4挡。给两套12连玛芬烤模铺上玛芬纸。

2 将可可粉筛入小碗，和香草精混合，备用。

3 将黄油和糖一起放入大碗，用电动搅拌器或自立式搅拌器，以中高速搅打。待黄油砂糖糊松软轻盈、颜色变浅后，一次加入1个蛋黄，继续搅拌至完全混合。加入可可粉和香草精，再搅打1分钟至完全混合。

4 将脱脂牛奶和盐搅拌在一起，倒入黄油砂糖糊，每次倒入1/3的牛奶，和面粉交替倒入。将小苏打和食醋也混合在一起，拌入蛋糕糊。然后，将全部食材混合在一起，用搅拌器以高速搅拌5分钟至匀滑有光泽。

5 将蛋糕糊倒入玛芬纸杯，装满3/4即可。烘烤18—20分钟，直到烤肉叉子插到蛋糕中间，拿出来之后是干净的，没有粘着蛋糕糊即可。

6 将纸杯蛋糕转移到金属架中，仍然放置在模具里冷却10分钟。在给蛋糕浇上糖霜之前，先将玛芬纸剥掉，并让蛋糕完全冷却。

7 制作糖霜：将牛奶、面粉、盐放入小炖锅中，用中火加热1—2分钟，搅拌，直到沸腾冒泡、质地变得浓稠即可。将牛奶糊倒入小碗，放置冷却。

8 将黑巧克力或白巧克力融化。冷却备用。

9 将黄油、糖、可可粉（若使用）搅打至松软轻盈。将拌好的黄油糊加入到冷却的巧克力里面，随后加入牛奶糊和香草精（若使用）。充分搅打至松软匀滑，舀入装了小平嘴或星形嘴的裱花袋，立即裱花。

!

便携式电动搅拌器或自立式电动搅拌器在搅拌蛋糕糊时非常实用，能把蛋糕糊搅打得松软匀滑。

双层巧克力棉花糖玛芬
Double chocolate marshmallow muffins

这款玛芬可说是巧克力迷的梦想！如果玛芬冷却了，把它放到微波炉里加热一会，然后趁热配上冰淇淋一起吃，我不得不承认这简直就是人间美味啊！

分量 / 12个

准备时间 / 10分钟，外加冷却时间

制作时间 / 20分钟

玛芬

大鸡蛋2个

植物油175毫升

牛奶300毫升

自发面粉500克

食盐少量

泡打粉2茶匙

纯可可粉4汤匙

精白砂糖250克

黑巧克力块或巧克力条4汤匙

迷你棉花糖150克

装饰

棉花糖酱1罐（在大超市和专门的食品街可以买到）

加糖的可可粉

糖粉，用以撒粉

1 将烤箱预热至180℃（风扇160℃）或燃气4挡。给12连玛芬烤模铺上玛芬纸。

2 将鸡蛋和植物油放入扎壶里，搅打后，将牛奶也混合进去。拿出一个大碗，筛入面粉、盐、泡打粉、可可粉、糖。将壶里的鸡蛋糊倒入装干燥食材的大碗里，充分搅拌至完全混合，拌入巧克力块。

3 用勺子舀足够的蛋糕糊到每个玛芬模中，填满一半即可。将3/4的迷你棉花糖平分到12个模具里面，抹上剩下的蛋糕糊。

4 放入预热好的烤箱中烘烤20分钟，直到将薄刀片插入进去，拿出来时是干净的，没有粘着蛋糕糊即可。将烤好的玛芬放上金属架冷却。

5 用小叉子将棉花糖酱在各个玛芬的表面抹开，再放上剩下的迷你棉花糖，撒上加糖的可可粉。

除非你准备要食用了，否则不要提前将棉花糖酱涂在玛芬上，小心它融化掉。

印度茶纸杯蛋糕

Chai tea cupcakes

这些看起来很简单的纸杯蛋糕却是极具风味。我第一次是在纽约品尝到这款蛋糕的，那时候吃到的是香草味，但是我更喜欢巧克力味的。印度茶源于印度，是茶叶和各种香料（肉桂、茴香、丁香等）混合泡成的。现在，在较大的超市里卖茶叶和咖啡的地方，都可以买到印度茶。

分量 / 12个

准备时间 / 15分钟，外加冷却时间

制作时间 / 15分钟

纸杯蛋糕

中筋面粉 125克

无糖可可粉25克，另备些许用作撒粉

速溶印度茶粉25克

泡打粉 1茶匙

精盐 1/4茶匙

无盐黄油 100克

精白砂糖 150克

大鸡蛋2个

香草精半茶匙

牛奶80毫升

橙子印度茶糖霜

无盐黄油200克，软化

速溶印度茶粉50克

糖粉60克，另备些许用作撒粉

橙子1个，取皮研碎

1 将烤箱预热至180℃（风扇160℃）或燃气4挡。给12连玛芬烤模铺上玛芬纸。

2 将面粉、可可粉、印度茶、泡打粉、盐放入碗里拌匀。将黄油和砂糖放入一个大搅拌钵中，用电动搅拌器以中速搅拌3分钟，每次加入1个鸡蛋，充分搅打均匀。然后拌入香草精。

3 将电动搅拌器调为低速，交替将面粉和牛奶加入黄油糊，继续搅打，使之结合在一起、松软匀滑。

4 将蛋糕糊倒入玛芬模，装满3/4即可。放入预热好的烤箱中烘烤15分钟，待蛋糕膨胀变大，且烤肉叉子插到蛋糕中间，拿出来之后是干净的，没有粘着蛋糕糊即可。将蛋糕转移到金属架上完全冷却。

5 制作糖霜：将所有糖霜食材都放入碗里混合，用木勺搅拌匀滑。若蛋糕还没有完全冷却，那么先将糖霜放入冰箱冷藏。

6 将糖霜在蛋糕表层抹开。如果喜欢，可以在表面撒一些可可粉和糖粉做装饰。

香草纸杯蛋糕
Vanilla cupcakes

这款纸杯蛋糕是举办和装饰生日聚会、婚礼或节日庆典的完美陪衬。

分量 / 12个

准备时间 / 15分钟，外加冷却时间

制作时间 / 18分钟

自发面粉175克

中筋面粉150克

无盐黄油125克，软化

精白砂糖250克

大鸡蛋2个，室温下保存

牛奶125毫升

香草精半茶匙

---

1 将烤箱预热至180℃（风扇160℃）或燃气4挡。给12连玛芬烤模铺上玛芬纸。

2 将两种面粉在小碗里混合，备用。将奶油放入大碗，用电动搅拌器以中速搅拌至匀滑。逐步加入砂糖，继续搅打3分钟左右至松软。一次加入1个鸡蛋，充分搅打后再加入第二个。

3 面粉分成三等份，与牛奶和香草精依次交替加入奶油鸡蛋糊。每次加入之后，都要充分搅打，直到所有食材都充分混合；注意不要过度搅拌。用橡胶刮刀将碗壁上的蛋糕糊刮下去，确保所有食材都充分混合了。

4 小心将蛋糕糊舀到模具里去，装满3/4即可。放入预热好的烤箱中烘烤18分钟。

5 让蛋糕在模具中静置冷却15分钟后取出。在给蛋糕浇上糖霜之前，将蛋糕转移到金属架上完全冷却。

6 将香草奶油糖霜（详见第112页的“香草奶油糖霜”）或奶油干酪糖霜（详见第114页的“奶油干酪糖霜”）淋在蛋糕表面。

香草奶油糖霜
Vanilla butter-cream frosting

这款糖霜的制作非常简单，不需要使用鸡蛋。它才是真正传统意义上的纸杯蛋糕装饰佐料。如果奶油干酪糖霜不是你的挚爱，那么这款糖霜将是非常理想的选择。它美丽匀滑，让你的蛋糕看上去十分经典。

分量 / 12个
准备时间 / 10分钟

无盐黄油250克，软化
香草精1茶匙
糖粉600克
牛奶2汤匙

---

1 将黄油和香草精放入大碗，用电动搅拌器以中速进行搅拌。将糖粉分4份拌入，每次加入前都要充分搅拌。加入牛奶，继续搅拌至松软轻盈。

2 在准备使用之前，将拌好的糖霜盖起来。可以用天然食品色素来给这款糖霜染色。相比液体色素而言，我更倾向于使用色素糊，因为色素糊不会影响糖霜的稠度。

3 用一把小抹刀抹平糖霜，也可以做出小山峰的造型。用糖花或小糖珠装饰，或者用上诸如“聪明豆”“麦提莎”之类的小甜点。

1
2
3
4
5
6

奶油干酪糖霜
Cream cheese frosting

这是我最喜欢的装饰糖霜，也是“蛋糕男孩”所使用的装饰糖霜。这款浓郁柔滑、风味浓厚的糖霜让你的纸杯蛋糕更加完美。

分量 / 12个
准备时间 / 15分钟

白巧克力50克，捏成碎片
奶油干酪200克，软化
无盐黄油100克，软化
香草精1茶匙
糖粉500克

1 将巧克力片放入耐热碗，把碗放到装了沸水的平底锅上（碗底不能接触到沸水），搅拌至巧克力完全融化、匀滑。这个过程一定要小心，因为白巧克力比黑巧克力更加不耐热，然后放置在室温下冷却。

2 将奶油干酪和黄油放到一个碗里，用木勺搅打至匀滑。将白巧克力和香草精也搅拌进去。逐步将糖粉搅打进去，直到奶油糊松软匀滑。

3 用一把小抹刀抹平糖霜，也可以做出小山峰的造型。用糖花或小糖珠装饰，或者用上诸如“聪明豆”“麦提莎”之类的小甜点。

如果想让装饰蛋糕的过程更有意思，可以给糖霜染上颜色。建议使用天然的食品色素，最好是色素糊。

1
2
3
4
5
6

烘糕

Tray bakes

大多数烘糕制作起来都是非常简单的。例如，虽然布朗尼蛋糕比其他蛋糕制作起来要快得多，但是看上去却一样的漂亮。正是因为烘糕做起来非常简单，所以更加需要使用优质的食材才能做得好吃。

制作布朗尼蛋糕，需要确保其口感浓稠香糯，其表酥脆诱人。如果不知道什么时候要从烤箱中取出，就要时不时检查。一个完美的布朗尼蛋糕烤得失去水分，往往只是几分钟的事。

制作布朗尼时，你可以选择很多不同的口味：像樱桃那样的干果，像核桃那样的坚果，花生、榛子、碧根果，和巧克力搭配都十分完美。

小孩都很喜欢烘糕，像麦提莎蛋糕和棉花糖方块蛋糕都非常适合小孩食用。这些蛋糕甚至都称不上是“烘烤的蛋糕”，而更多像是冰箱里的蛋糕。既然是小鬼头的最爱，我又怎能不介绍呢？

花生黄油金黄蛋糕
Blondies with peanut butter

为什么说黄油蛋糕更有意思呢，这款蛋糕就是很好的证明！这些小蛋糕的质地和布朗尼一样，但是其中用上的白巧克力和花生酱会带来更松软香甜的风味。

分量 / 12个
准备时间 / 30分钟
制作时间 / 40分钟

无盐黄油100克，软化，外加些许用以涂抹烤盘
松脆花生黄油150克
香草精1茶匙
精白砂糖175克
鸡蛋1个
白巧克力75克，另备些许装饰
核桃仁75克，大致切碎，另备些许装饰
中筋面粉125克
泡打粉1茶匙
黑巧克力，融化，用以装饰

---

1 将烤箱预热至170℃（风扇150℃）或燃气3挡。将一个边长20厘米的方形蛋糕烤盘涂上黄油，底部铺上烘焙纸。

2 将黄油和花生酱倒入大碗里，用手持式电动搅拌器以中速搅打至柔滑松软。加入香草精、糖、鸡蛋，继续搅打至轻盈柔滑。

3 将白巧克力切碎，和切碎的核桃仁一起拌入黄油糊。

4 将面粉和泡打粉筛入黄油糊，用大金属勺子搅拌均匀。

5 用勺子将蛋糕糊舀到准备好的模具里面，抹平表面。放入预热好的烤箱中间，烘烤40分钟，直到表面烤成漂亮的外壳，内部仍然松软香糯。

6 让蛋糕在模具中静置冷却。用白巧克力块和核桃仁片装饰，然后淋上融化的黑巧克力（见下方的小提示）。待冷却后，切成方块或三角形。

!

如果有锥形纸，可以将融化巧克力装入锥形纸卷里面，再淋在蛋糕表面。如果没有，一个金属勺子也足够了。你也可以自己做一个：将正方形的防油纸卷起来，卷成圆锥形，剪掉尖的那端即可。

奶酪布朗尼蛋糕
Cream cheese brownies

这款蛋糕使用的是传统的布朗尼，却又增添了一些新奇的风味：奶油干酪不仅增添了柔软的口感，更带来了新鲜的乳酸风味。

分量 / 12个
准备时间 / 30分钟
制作时间 / 30分钟

蛋糕

无盐黄油150克，外加些许涂抹烤盘
纯黑巧克力200克，捏碎
新鲜的意大利特浓咖啡100毫升
精白砂糖250克
香草精1茶匙
食盐少量
鸡蛋3个
中筋面粉100克

大理石纹糊

奶油干酪150克
精白砂糖60克
鸡蛋1个，打散
香草精1茶匙

---

1 将烤箱预热至180℃（风扇160℃）或燃气4挡。将边长为20厘米的方形蛋糕烤盘涂上黄油，铺上烘焙纸。

2 将黄油和巧克力放入耐热碗里，再把碗放到装了沸水的平底锅上（碗底不能碰到水），时不时搅拌，直至巧克力完全融化。拌入咖啡，停止加热，放置冷却。

3 将糖、香草精、盐拌入巧克力黄油糊，然后拌入鸡蛋，用电动搅拌器或木勺搅拌直至匀滑。筛入面粉，继续搅打，直至光滑，静置备用。

4 制作大理石纹糊：将奶油干酪放入碗里搅打直至匀滑，然后拌入糖、鸡蛋、香草精。

5 用勺子将预备好的巧克力咖啡糊舀入准备好的模具里，加入奶酪糊，用小刀划开，创造一种大理石纹的效果。放入预热好的烤箱中烘烤30分钟。烘烤20分钟之后，可能需要用箔纸来盖住模具，继续烘烤10分钟。

6 将烤好的蛋糕放上金属架冷却，切成正方形的蛋糕块。

1
2
3
4
5

6
7
8
9
10

双层巧克力碧根果布朗尼
Double chocolate pecan brownies

这些可爱营养、浓郁耐嚼的果仁巧克力布朗尼不仅是非常理想的零食，更是晚餐派对最完美的甜点。当然，这款蛋糕最好搭配你最喜欢的冰淇淋一起享用！

分量 / 12个
准备时间 / 45分钟
制作时间 / 25分钟

无盐黄油185克，外加些许涂抹烤盘
优质黑巧克力185克，捏成碎片
中筋面粉85克
纯可可粉40克
白巧克力50克
牛奶巧克力50克
大鸡蛋3个
金砂糖275克
碧根果果仁100克，切半，弄碎

1 将烤箱预热至170℃（风扇150℃）或燃气3挡。将一个较浅的布朗尼烤盘或常规方形蛋糕模（边长为22厘米）涂上黄油，并铺上烘焙纸。

2 将黄油切成小方块，和黑巧克力片一起倒入一个中等大小的碗里，把碗放到装了沸水的平底锅上（碗底不能碰到沸水），小火加热，时不时搅拌，直至巧克力和黄油完全融化，混合均匀。将碗从锅上拿走，静置冷却。

3 将面粉和可可粉一起筛入碗里。

4 将白巧克力和牛奶巧克力放到案板上，用刀切成块状——如果用的是大多数超市和熟食店出售的纽扣大小的巧克力，则不需要切碎。

5 将鸡蛋打散到大碗里，倒入砂糖。用电动搅拌器以最大速度搅拌，直至浓稠柔滑。待鸡蛋糊颜色变浅、体积膨胀成原来的两倍，就说明已经搅拌好了。

6 将冷却的巧克力糊倒在鸡蛋糊上面，用橡胶刮刀轻轻将巧克力糊拌入进去。然后，用大金属勺子把筛好的可可面粉慢慢地拌进去，搅拌均匀。最后，拌入切碎的白巧克力、牛奶巧克力、碧根果仁，直至均匀分布。

7 将拌好的蛋糕糊倒入准备好的模具中。放入预热好的烤箱中烘烤25分钟。待蛋糕的表面形成漂亮的酥皮、内部湿滑香糯，就说明已经烤好了。

8 蛋糕在烤盘中静置至完全冷却，然后取出，用刀切成方块。

百万富翁酥饼
Millionaire shortbread

这款点心能够给你带来最纯粹的享受——酥脆的黄油酥饼、浓郁的焦糖夹心，再配上黑巧克力淋酱，让你精神倍爽！

分量 / 16个
准备时间 / 30分钟，外加冷却、静置、凝固时间
制作时间 / 20分钟

酥饼

无盐黄油175克，软化，外加些许涂抹烤盘
中筋面粉250克
精白砂糖85克

焦糖

无盐黄油100克
浅色红糖100克
炼乳750克

装饰

纯黑巧克力或牛奶巧克力200克，捏成碎片

1 将烤箱预热至180℃（风扇160℃）或燃气4挡。将一个33×23厘米的瑞士卷蛋糕模涂上一些黄油。

2 制作黄油酥饼：将面粉和精白砂糖在碗里拌匀，搓入量好的175克黄油，直到面粉糊看上去跟面包碎屑一样，然后用力搓揉，形成面团。将面团压在烤盘的底部，用叉子扎上一些洞，放入预热好的烤箱中烘烤约20分钟，待酥饼摸上去稍微变硬、颜色浅棕色，就说明已经烤好了。在烤盘中静置冷却。

3 制作焦糖：将黄油、红糖、炼乳放入平底锅，小火加热，直到红糖完全溶化。将糖浆煮沸，不停搅拌，然后把火调小，慢熬5分钟直到煮浓稠为止。将煮好的糖浆倒在酥饼上，静置冷却。

4 表面装饰：将巧克力放入耐高温的大碗里。再把碗放到装了沸水的平底锅上（碗底不能碰到水），时不时搅拌，直至巧克力完全融化，然后倒在冷却的焦糖上面，放置凝固。

5 切成方块或条状食用。

异域风情水果烘糕
Exotic fruit tray bake

这款煎饼式的小蛋糕特别受年轻人的欢迎，是饭盒里和派对上完美的零食，可以在密闭容器中保存很久。你可以随意根据自己的想象或喜好来替换其中的水果，或者加一些坚果。对于小孩来说，这款简单易做的小蛋糕更是棒极了。

分量 / 12个
准备时间 / 10分钟
制作时间 / 25分钟

无盐黄油150克，外加些许用以涂抹
软红糖75克
金色糖浆75克
燕麦片225克
干果75克（如椰子、木瓜、菠萝等）
食盐少量

---

1 将烤箱预热至180℃（风扇160℃）或燃气4挡。将一个24×20厘米的烤盘涂上黄油，在烤盘的底部和侧面铺上烘焙纸。

2 将150克黄油、糖、糖浆放入炖锅中慢慢融化，但是注意不要煮沸。将燕麦片、切好的水果干、盐搅拌进去，充分搅拌均匀。将拌好的黄油糊倒入烤盘里面，用金属勺背面将黄油糊压紧。

3 放入预热好的烤箱中烘烤25分钟，直到蛋糕变成金黄色。

4 从烤箱中取出，先静置数分钟再做切片记号。

5 静置冷却约15分钟，然后拉住防油纸的边缘把小蛋糕从模具中取出，和防油纸一起放上金属架，切片前放置冷却。

柠檬酱方形小蛋糕
Lemon curd squares

这款清爽酥脆的小蛋糕是便当盒最清新美味的甜品搭配。

分量 / 制作12个小蛋糕
准备时间 / 10分钟
制作时间 / 40—45分钟

酥饼

无盐黄油175克，切成小片，外加些许涂抹烤盘
中筋面粉200克
糖粉85克，外加些许撒粉
香草精1茶匙

柠檬夹心

鸡蛋3个
精白砂糖300克
中筋面粉3汤匙
柠檬汁4汤匙

1 将烤箱预热至180℃（风扇160℃）或燃气4挡。将一个33×23厘米的烤盘涂上融化黄油。

2 制作黄油酥饼：将面粉和糖粉在一个碗里拌匀。将全部黄油搓进去，直到面粉糊看上去跟面包碎屑一样，用力搓揉成面团。将面团压在烤盘的底部，用叉子扎上一些洞，放入预热好的烤箱中烘烤约20分钟，待酥饼烤成浅棕色。

3 在烘烤酥饼的同时，将鸡蛋、精白砂糖、面粉、柠檬汁用电动搅拌器搅打至起泡。将柠檬糊倒在酥饼上。

4 放入预热好的烤箱中再烘烤20—25分钟，直到蛋糕变成金黄色。放置在金属架中冷却。

5 在蛋糕表面撒上糖粉，然后切成方块。

上面说到柠檬酱的做法，是不适用于本书中餐谱的。不过，只要简单用炖锅煨5分钟，其间不停搅拌以防分离，就可以做出类似柠檬奶油冻的质地，这样就能够用到其他餐谱里去了！做好后要静置至完全冷却，以便其凝固。

棉花糖小蛋糕
Marshmallow bars

这是一款完美的儿童派对蛋糕。酥脆而有嚼劲，你甚至可以做成彩色棉花糖来给你的派对多添一份乐趣！

分量 / 12个

准备时间 / 10分钟，外加冷却和静置时间

植物油
融化的含盐黄油2汤匙
迷你棉花糖200克
香草精1茶匙
爆米花600毫升（用量杯测量）

1 将少量植物油涂在一个边长23厘米的方形蛋糕烤盘里。

2 将1汤匙植物油和黄油放入大平底锅中，小火加热至融化。加入棉花糖，不断搅拌，直到完全溶化。加入香草精和爆米花，搅拌，使爆米花完全裹上黄油糊。

3 将拌好的爆米花糊倒入准备好的模具里，用手压紧，放置冷却约30分钟，让它凝固。

4 切成方形或条状食用。

棉花糖溶化后非常有黏性，所以压到模具中去的时候，需要先在手上涂一些植物油，免得粘在手上。

麦提莎巧克力饼块
Malteser squares

如果你想在我们受欢迎的甜品里找出一种与众不同的甜点的话，那你可以尝尝这一款——我觉得它会让你回味无穷，吃了还想吃！花些时间按我的建议装饰一下这款美味蛋糕的外表吧——我保证那会有完全不一样的结果！

分量 / 制作20个小饼块
准备时间 / 15分钟，外加冷藏时间

无盐黄油100克，外加些许用以涂抹烤盘
牛奶巧克力200克，捏成碎片
金色糖浆3汤匙
消化饼干225克，碾碎
麦提莎225克

装饰

麦提莎100克
白巧克力50克，融化
牛奶巧克力50克，融化

1 将较浅的边长20厘米的方形蛋糕烤盘涂上黄油，给模具的底部和侧面铺上不黏的烘焙纸。

2 将黄油、巧克力和糖浆放入平底锅中融化，搅拌至匀滑。加入碾碎的饼干，搅拌，让饼干完全裹上巧克力糊。迅速拌入麦提莎，防止表面的巧克力融化。

3 将拌好的麦提莎巧克力糊倒入准备好的模具，压成平整的一层，冷藏至凝固。

4 拉住烘焙纸将凝固的麦提莎巧克力饼取出。切成方形小块食用。

岩石冰冻蛋糕
Rocky road fridge cake

有谁能够抗拒这款美味的蛋糕？鲜红的樱桃、粉红的棉花糖、酥脆的饼干……这款蛋糕不仅是味蕾的享受，更是视觉的盛宴！无论是野餐或者是招待前来拜访的朋友，这款蛋糕都是非常不错的。

分量 / 16块
准备时间 / 15分钟，外加冷藏时间

无盐黄油100克，外加些许涂抹烤盘
牛奶巧克力200克，捏成碎片
巧克力碎饼干200克（详见第193页的“巧克力樱桃小蛋糕”），稍微碾碎一下
迷你棉花糖100克（彩色的更好）
红色蜜饯樱桃100克
金色葡萄干100克

装饰

棉花糖、樱桃、巧克力豆
黑巧克力35克，融化

1 将一个边长18厘米的方形烤盘涂上黄油，在烤盘的底部和侧面铺上烘焙纸。

2 将巧克力放入隔水炖锅（详见第190页的“热巧克力软糖蛋糕”）中融化。将黄油融化，拌入融化的巧克力中。放置冷却10分钟。

3 将碾碎的饼干、迷你棉花糖、樱桃、葡萄干拌入冷却的巧克力糊，倒入准备好的模具里压实，静置冷却。至少冰冻2小时，务必完全凝固。

4 凝固后，用棉花糖、樱桃、巧克力豆覆盖表面，并淋上一些融化的白巧克力。待再次凝固之后，切成16片方形蛋糕块。

节日蛋糕

Festive recipes

在我看来，一本家庭烘焙的书肯定要包含一些我最喜爱的节日蛋糕食谱。圣诞的时候，我整个屋子闻上去都很香，主要是蛋糕烘焙所散发出来的香味，尤其是烘焙时间较长的传统圣诞蛋糕。我做的巧克力香橙圣诞蛋糕则是另一种选择，它也非常令人垂涎欲滴。

说到我的祖国法国，我们在圣诞节前夜庆祝，我还是小孩的时候，一定会在零点吃圣诞树根蛋糕，然后圣诞老人就上门了！当然也有传统的圣诞树根蛋糕，但是我在第150页推荐的圣诞节树根蛋糕会让人吃了还想吃。

如何装饰你的圣诞蛋糕呢？

在所有节日蛋糕里，圣诞蛋糕是最重要的，所以装饰一定要好看。首先要把450克杏仁蛋白软糖揉软，将其中一半擀得和蛋糕顶部一样大，剩下的做成条状，环饰在蛋糕周围。用尚温热的杏子酱给蛋糕涂上一层浆液，然后根据需要将杏仁蛋白软糖装饰在顶上或旁边。盖上，静置一夜。

做出第211页的糖霜酥皮，抹刀先沾一点冷水，将糖霜酥皮摊在杏仁蛋白软糖上，以做成平滑的蛋糕。加入更多的糖衣，用抹刀搅打至湿性发泡，撒上糖粉……如此便大功告成了！

巧克力香橙圣诞蛋糕
Chocolate and Orange Christmas Cake

相对于传统的英式圣诞蛋糕而言，这款蛋糕是一个不错的选择。这款蛋糕里满满的都是美味多汁的果干和节日香料。美味的香橙利口酒和浓郁的黑巧克力的加入，使得这款蛋糕越发好吃。

分量 / 可供8人食用

准备时间 / 25分钟，浸泡一夜

制作时间 / 2—2.5小时

金色葡萄干200克
无核葡萄干200克
香橙利口酒100毫升，外加用来浸泡葡萄干的
无盐黄油200克，软化，另加些许涂抹烤盘
红糖100克
糖蜜50克
大鸡蛋3个
中筋面粉150克
优质黑巧克力175克（可可固体含量约70%），捏成碎片
各色香料粉1茶匙
肉桂粉半茶匙
肉豆蔻粉半茶匙，新鲜磨碎
柠檬1只，榨汁
各色果皮100克，切成大块
完整的糖渍樱桃50克
核桃仁75克，切半
榛子75克，烘烤过

装饰配料

杏子酱2—3汤匙，过筛
各色糖渍水果（橙子片、杏仁、樱桃等）
金箔叶子（可选用）

---

1 将全部葡萄干放入碗里，倒入一半的香橙利口酒，盖上盖子，放置24小时。

2 准备开始烘焙时，首先需要将烤箱预热到150℃（风扇130℃）或燃气2挡，给直径20厘米的弹簧型蛋糕烤盘的底部和侧面都铺上烘焙纸。

3 将黄油和糖放入大碗，用电动搅拌器充分搅打，直至颜色变浅、松软轻盈。一次加入1个鸡蛋，继续搅拌。如果黄油糊看上去裂开了，可以加入少量面粉。

4 将巧克力片放到耐热碗里，再把碗放在装了沸水的平底锅上（碗底不能碰到水），搅拌直至巧克力完全融化。放置稍微冷却。

5 将冷却的融化巧克力倒入鸡蛋糊，筛入面粉、各色香料、肉桂粉、肉豆蔻粉，拌匀。加入柠檬汁和剩下的利口酒。最后拌入浸过和未浸过的葡萄干、各色果皮、樱桃、核桃仁、榛子。

6 将拌好的蛋糕糊倒入准备好的模具里面。抹平表面，用一张烘焙纸轻轻地覆盖表面。放入预热好的烤箱中烘烤2—2.5小时；时间亦可根据具体的烤箱而定。至于如何检查蛋糕是否已经烤好了，可用细烤肉叉子插到蛋糕中间，拿出来之后是干净的，没有粘着蛋糕糊即表示蛋糕烤好了。

7 蛋糕不脱模，放上金属架冷却，再取出剥去烘焙纸。在蛋糕上匀称地浇一些利口酒：我通常拿酒瓶直接往上倒，但是若不喜欢，可以用小勺子慢慢倒。先用保鲜膜包裹住蛋糕，再做表面装饰。最好在三个星期内食用。

8 表面装饰：将杏子酱加热，用糕点刷把杏子酱刷在蛋糕表面。然后在蛋糕表层摆一些水果和坚果，再次刷上杏子酱。若喜欢，可以在蛋糕上放一些巧克力花，用金箔叶子做衬托。

1
2
3
4
5

6
7
8
9
10

我的圣诞蛋糕
Christmas Cake (my way)

如果你想更加单纯完美地度过一个圣诞节，那么这款蛋糕非常适合你，它里面满满的都是果脯和烤过的坚果。当然，还有美味的法国白兰地。

分量 / 可供8人食用

准备时间 / 25分钟，另加浸泡一夜

制作时间 / 3.5—4小时

金色葡萄干350克

葡萄干350克

白兰地175毫升

无盐黄油350克，外加些许用作涂抹

优质黑巧克力175克（可可固体含量约70%），捏成碎片

软黑棕糖200克

糖蜜100克

大鸡蛋4个

中筋面粉300克，过筛

什锦香料粉2茶匙

肉桂粉1茶匙

柠檬3个，取皮研碎，榨出果汁

切碎的各色果皮150克

蜜饯樱桃100克

核桃仁50克，切半

整个的榛子仁50克，去壳，烘烤（详见第9页“核桃摩卡海绵蛋糕”的“小提示”）

---

1 将全部葡萄干放入一个碗里，倒入150毫升白兰地，盖上盖子，浸泡一晚。

2 将烤箱预热到150℃（风扇130℃）或燃气2挡。将一个直径20厘米的较深的蛋糕烤盘涂上黄油，给底部和侧面铺上双层烘焙纸，侧面的稍稍高出烤盘。

3 将巧克力片放入耐热碗，把碗放在装了沸水的平底锅上（碗底不能接触到沸水），搅拌直至巧克力完全融化。放置稍微冷却。

4 将黄油和糖放入搅拌机或食品加工机的碗里，用搅拌器以高速搅拌，使黄油糊颜色变浅，且变得松软轻盈。先加入融化的巧克力，然后加入鸡蛋，用低速进行搅拌。如果黄油糊开裂了，加入少量面粉。时不时需要将碗的内壁上黏着的黄油糊刮下去，充分搅拌至均匀混合。

5 筛入面粉和香料粉，拌入另外150毫升白兰地、柠檬皮碎、柠檬汁。然后轻轻拌入水果和坚果，小心不要把樱桃和核桃仁弄烂了。

6 待全部食材都完全混合后，将拌好的蛋糕糊倒入模具，抹平表面。用一张烘焙纸覆盖表面，放入预热好的烤箱中烘烤3.5—4小时，待细烤肉叉子插到中间，拿出来之后是干净的，没有粘着蛋糕糊即可。

7 将蛋糕继续留在烤盘中，并放上金属架冷却，稍微冷却后，从烤盘里取出，剥去烘焙纸。趁蛋糕还没彻底冷却，浇上一些白兰地（瓶子里还要留一些，不要用光了）；待彻底冷却了，再浇上剩下的白兰地。这款蛋糕放在密闭容器中，可以保存6周——但要记得定时浇上些白兰地。当你做完蛋糕后，可用“糖霜酥皮”（见第211页）装饰蛋糕，具体步骤请看第146—147页。

3
4
7
8

麦芽酒水果面包
Ale fruit loaf

这款蛋糕做起来简单，吃起来美味。我们店的厨房旁边有家“青年酿酒厂”，他们用烤可可豆酿了一种特别的麦芽酒。那是制作这款面包的完美搭档，当然，任何麦芽酒都可以拿来做这款面包。

分量 / 可供8人食用

准备时间 / 10分钟，另加浸泡一夜

制作时间 / 1小时15分钟

各色果干390克

高浓度啤酒或麦芽酒1瓶（250毫升）

无盐黄油，用来涂抹

软黑棕糖100克

自发面粉85克

全麦自发面粉100克

什锦香料粉3茶匙

鸡蛋2个，打散

---

1 将各色果干放入大平底锅，倒入整瓶啤酒。

2 用小火慢慢加热啤酒，不用煮沸，然后关火，盖上盖子，放置浸泡整晚。

3 准备烘焙时，先将烤箱预热到140℃（风扇120℃）或燃气1挡。将一个25×11厘米的条形蛋糕烤盘涂上融化黄油。

4 将糖、面粉、各色香料粉、鸡蛋加入到浸泡的各色果干里，搅拌、混合均匀。

5 将拌好的面包糊倒入准备好的条形烤盘里面，放入预热好的烤箱中烘烤1小时15分钟，直到面包膨胀变硬、变成浅棕色。

6 让面包继续留在模具里面，盖上茶巾，放在金属架上冷却。

◆待面包完全冷却后，用保鲜膜包裹起来，放在凉爽干燥处保存，可以保存6个星期。在面包表面涂一些覆盆子果酱或搭配温斯利代尔干酪食用，味道更佳。

圣诞节树根蛋糕
Chocolate and Chestnut Yule Log

在法国，圣诞节的时候是没有圣诞布丁或圣诞蛋糕的，但是可以看到很多圣诞树根蛋糕。这款蛋糕是我的最爱。

分量 / 可供6人食用
准备时间 / 约1个小时
制作时间 / 10分钟

海绵蛋糕

蛋清3个
精白砂糖130克
蛋黄4个
无盐黄油50克，融化
中筋面粉100克
泡打粉2茶匙
黑朗姆酒50毫升

栗子奶油

高脂厚奶油100毫升
甜栗奶油400克（在较好的超市可以买到）

巧克力涂面

黑巧克力150克，捏成碎片
无盐黄油50克
糖粉2汤匙

装饰

巧克力刨花
糖渍栗子少量，对半切开
糖粉，用于撒粉

1 将烤箱预热到220℃（风扇200℃）或燃气7挡。把硅胶垫或硅油纸垫在烤盘里。

2 制作海绵蛋糕：用电动搅拌器搅打蛋清至湿性发泡，逐步加入50克砂糖。

3 另外拿出一个碗，将蛋黄和剩下的砂糖放在一起搅打至蓬松、颜色变浅。拌入融化的黄油。

4 将面粉和泡打粉筛入蛋黄糊，然后拌匀所有食材。先拌入少量打发的蛋清，然后轻轻拌入剩下的。

5 用抹刀把拌好的蛋糕糊在硅胶纸上摊开，跟瑞士卷的方法一样。放入预热好的烤箱中烘烤10分钟，它很快就可以烤熟，烘烤时要时刻关注。

6 从烤箱中取出来的时候，在蛋糕表面盖上一条湿润的茶巾，防止蛋糕变干。

7 制作栗子奶油：奶油放入大碗，用电动搅拌器搅打至湿性发泡，拌入甜栗奶油。

8 用糕点刷将黑朗姆酒刷在蛋糕上，然后用抹刀摊上栗子奶油，用硅胶纸或硅胶垫轻轻把蛋糕紧紧地卷起来，结合点朝下，放到餐盘里面，倾斜地切掉两端。给蛋糕抹巧克力的时候，需要将切下来的其中一端摆成树枝的样子。

9 现在可以开始制作巧克力糖浆了。巧克力放入隔水炖锅（详见第190页的“热巧克力软糖蛋糕”）中融化，时不时搅拌一下，加入黄油和砂糖。放置冷却。

10 用抹刀把巧克力糖浆涂在蛋糕上，注意要覆盖整个树根。将蛋糕中切下来的一端也涂上巧克力，摆成树枝的样子。用叉子来装饰成“木头”的样子。在表面上摆少量巧克力刨花和糖渍栗子，撒上糖粉。

◆ 接下来就可以一起来圣诞快乐了！

1
2
5
6

3
4
7
8

芝士蛋糕

Cheesecakes

芝士蛋糕可以大致分为两种，需要用烤箱烘烤的，还有不需要烘烤的。不过，不同地区的芝士蛋糕也会有很多的不同。

所有经典芝士蛋糕的饼底都是用饼碎和黄油做的，不妨试着选择不同的饼干。在我的食谱里，通常使用经典消化饼干、姜汁饼干、意式杏仁脆饼，甚至巧克力波旁饼干。

芝士蛋糕通常包含了芝士（偶尔也有些并没有真正的芝士，例如本章中第163页的墨西哥青柠芝士派）、鸡蛋、奶油、砂糖、香料。你也可以试着使用不同的芝士，但是通常是奶油干酪或马斯卡彭奶酪。至于奶油，通常是淡奶油或酸奶油。

为了使芝士蛋糕的口感和味道都达到最佳，很重要的一点就是要用上你能买到的最好的芝士。为了形成轻盈松软的口感，打发时要尽可能搅入更多的空气。

蓝莓芝士蛋糕
Baked blueberry cheesecake

这款蛋糕做起来非常灵活简单。你可以用覆盆子和各色浆果来代替蓝莓。只需加入几滴柠檬油和一些柠檬皮碎，就可以把这款美味而受欢迎的蛋糕变成一道风味浓郁的甜点。如果蛋糕冷却后有了裂纹，不必担心，这正是其魅力所在。

分量 / 可供8人食用

准备时间 / 30分钟，另加静置和冷藏时间

制作时间 / 约1个小时

饼底

消化饼干100克

姜汁饼干100克

无盐黄油50克

夹心

玉米淀粉25克

精白砂糖200克

软质轻奶酪600克

香草荚1个，剥开

鸡蛋2个

酸奶油300毫升

装饰

精白砂糖85克

水500毫升

新鲜蓝莓400克

1 将烤箱预热到180℃（风扇160℃）或燃气4挡。给一个直径20厘米的弹簧型蛋糕烤盘底部铺上烘焙纸。

2 将饼干放入食品加工机中碾碎，或放入塑料袋中用擀面杖碾碎。将饼干屑放入碗里，将黄油融化，拌入饼干里面。把饼干糊倒入准备好的蛋糕烤盘底部，压紧后放入预热好的烤箱中烘烤10分钟，然后放置冷却。

3 制作夹心：将玉米粉和砂糖放入大碗里。拌入软质轻奶酪、香草籽、果肉、鸡蛋，最后拌入酸奶油。

4 将拌好的蛋糕糊倒入模具里面，用抹刀抹平表面。放入预热好的烤箱中烘焙10分钟后，将温度下调到140℃（风扇120℃）或燃气1挡。继续烘烤35—45分钟，直到中间仍可以轻轻晃动。关掉烤箱，不要取出蛋糕，关上烤箱门静置2个小时，放入冰箱冷藏。

5 制作蓝莓装饰：将砂糖放入炖锅里面，加入50毫升水，煮沸。待糖全部溶化，加入蓝莓。加盖继续煮数分钟，然后放置冷却。

6 把芝士蛋糕的边缘弄松，从模具中取出，剥去烘焙纸，转盛餐盘。把蓝莓在芝士蛋糕表面摊开，即可食用。

将饼干糊倒入蛋糕烤盘的底部时，为了平坦均匀，可以用勺子的背面轻轻将蛋糕糊从中间往外推开，这样饼底就匀滑平坦了。

苹果肉桂乳清芝士蛋糕
Ricotta, apple and cinnamon cheesecake

这款芝士蛋糕与众不同。夹心是经典的意大利风味，用上了味美多汁的意大利乳清干酪，不过却换了美式的饼底。我喜欢刚从烤箱中拿出就趁热食用，苹果的味道会更为浓郁。

分量 / 可供4人食用
准备时间 / 30分钟
制作时间 / 约1.5小时

饼底

消化饼干200克
无盐黄油75克，融化，外加些许涂抹烤盘

夹心

无盐黄油25克
大的青苹果2个
卡巴度斯苹果酒1汤匙
意大利乳清干酪900克
精白砂糖150克
中筋面粉50克
鸡蛋6个，打散
肉桂粉1/4茶匙
香草精2茶匙

装饰

餐用大苹果1个
软红糖25克
肉桂粉1/4茶匙

---

1 将烤箱预热到180℃（风扇160℃）或燃气4挡。将一个直径为22厘米的活底烤盘涂上融化黄油，并在模具的底部铺上烘焙纸。

2 制作饼底：将消化饼干放入食品加工机里碾碎，或用擀面杖弄碎。将饼干碎和融化黄油放入碗里混合，倒入准备好的模具底部，压成平整均匀的一层。

3 放入预热好的烤箱中烘烤10分钟，直到底部变成浅棕色、基本凝固。从烤箱中取出，静置冷却至少5分钟。

4 将烤箱温度下调到170℃（风扇150℃）或燃气3挡。

5 制作夹心：将苹果削皮，去核，切成小方块。将量出的25克黄油放入小煎锅中融化，然后将苹果块放入煎锅里面，煎成漂亮的颜色。将卡巴度斯苹果酒倒入锅中，点燃，让酒在苹果上燃烧。放置冷却。

6 将意大利乳清干酪放入大搅拌钵，用抹刀搅拌匀滑。拌入精白砂糖和面粉，一次拌入一个鸡蛋。拌入肉桂粉和香草精，把煮好的苹果也搅拌进去。将拌好的蛋糕糊倒入蛋糕烤盘里面。

7 制作装饰：将苹果削皮，去核，切成薄片，轻轻摆在蛋糕糊表面。撒上一些红糖和肉桂粉。

8 放入预热好的烤箱，烘烤约1小时15分钟，直到烤出金黄色。确保蛋糕的内部已经烤硬，用尖刀插进去，取出来是干净的即可。

9 放上金属架。冷却后，蛋糕中间会有点凹进去。盖好冷藏，食用时取出。

墨西哥青柠芝士派
Key lime pie cheesecake

这是佛罗里达州最受欢迎的馅饼，但是这一款却是我自创的改良版本，因为它颜色雪白，没有用任何食物添加剂——正如基韦斯特的当地人说的，如果这款馅饼变绿了，不要碰它！

分量 / 可供8—10人食用

准备时间 / 提前1天准备，此外还需约35分钟，外加冷藏时间

制作时间 / 35—45分钟

水煮青柠片

精白砂糖125克

水125毫升

30克装新鲜薄荷1小包

青柠4个，切成薄片

饼底

消化饼干350克，碾碎

无盐黄油125克，融化，另备些许涂抹烤盘

夹心

鸡蛋4个，蛋清和蛋黄分开

全脂炼乳1罐（400毫升）

青柠4个，取皮研碎，果肉榨汁

精白砂糖50克

装饰

鲜奶油150毫升

糖粉，用作撒粉

---

1 制作这款馅饼前，需要提前1天准备好装饰用的水煮青柠片。将125克砂糖和125毫升水放入平底锅中煮沸，转小火慢炖，直至砂糖溶化，然后加入一半的薄荷叶。将青柠片加入到薄荷糖浆之中，煮约10分钟，然后放置冷却，浸泡整晚。

2 制作馅饼底部：将饼干碎和融化黄油混合，压入涂了黄油的直径25厘米活底型馅饼烤盘，最好是刻有凹槽的；如果没有，可以使用同样尺寸的弹簧型烤盘，用饼干糊填满2/3即可。将馅饼底部放入冰箱中冷藏1个小时。

3 将烤箱预热到180℃（风扇160℃）或燃气4挡。

4 给装了饼干碎的模具铺上防油纸，用陶瓷烤豆或生干豆填满一半。放入预热好的烤箱中烘烤10—15分钟。取走豆子，继续烘烤5分钟，直到馅饼底部颜色变深。从烤箱中取出，放置冷却。

5 制作夹心：将蛋黄打入碗里，充分搅打至蓬松轻盈。拌入炼乳、青柠皮碎、青柠汁。另拿一碗，放入蛋清和精白砂糖，搅打至变硬，用大金属勺子轻轻将蛋清拌入青柠糊里面。

6 用青柠糊完全覆盖馅饼底部，放入预热好的烤箱中，以相同的温度，烘烤20—25分钟，直到青柠糊基本凝固、边缘变成浅棕色。放置冷却。蛋糕的中间会稍微有点下沉，不必担心。

7 将馅饼的边缘弄松，从模具中取出，放上餐盘。最后，将奶油打发，用勺子舀到裱花袋里，在馅饼的边缘裱一圈花纹。用水煮青柠片和煮过的糖浆来装饰表面；将煮过的薄荷叶拣出来，摆上新鲜的薄荷叶。

1
2
3
7
8
10

4
5
6
9
11
12

意式杏仁脆饼柠檬芝士蛋糕
Lemon cheesecake with amaretti biscuits

这是一款颇具意大利风情的冷冻芝士蛋糕——我取名曰"Amaretti"，用的是意式杏仁脆饼和马斯卡彭奶酪，吃上去口感柔滑细腻。

分量 / 可供4人食用

准备时间 / 30分钟，另加冷藏时间

饼底

意式杏仁脆饼100克，碾碎

无盐黄油50克

夹心

马斯卡彭奶酪225克

高脂厚奶油125毫升，搅打至湿性发泡

柠檬1个，取皮研碎，榨出果汁

金砂糖50克

柠檬酱2茶匙

装饰

柠檬皮长条

野草莓或覆盆子200克

白巧克力100克，融化

---

1 将4个直径为9厘米的馅饼环形模或慕斯圈放在烤盘上，绑上醋酸纤维带子（可在专业的烘焙用品商店买到）。

2 将碾碎的饼干倒入搅拌钵里。将黄油用小火加热融化，拌入饼干屑，务必完全混合。将饼干糊压入馅饼环形模或慕斯圈的底部，放入冰箱中冷藏凝固。

3 将马斯卡彭奶酪放入碗里，搅打至柔软匀滑。加入奶油、柠檬汁、柠檬皮碎、砂糖，充分搅拌均匀。将拌好的乳酪糊在饼干糊上面摊开，铺满一半即可。然后在表面浇一些柠檬酱，用勺子抹平表面。

4 再次将装馅饼环或慕斯圈的烤盘放入冰箱中冷藏数小时，冷冻也可以。

5 将冻好的芝士蛋糕从馅饼环中取出，放到餐盘里面。

6 用柠檬皮碎、野草莓、覆盆子等装饰表面，并淋上一些融化的白巧克力，浇上一些覆盆子酱（详见第84页"我的伊顿麦斯"），即可食用。

!

使用压碎的饼干来做芝士蛋糕的时候，可以把饼干放入冰箱冷藏袋之中，用擀面杖碾碎，这样口感更厚实。也可以使用食品加工机来碾碎饼干，这样口感更精细。

巧克力芝士蛋糕

Chocolate cheesecake

这款味道浓郁的巧克力蛋糕搭配法式酸奶油食用，简直就是美味之至！

分量 / 可供8人食用

准备时间 / 30分钟，外加静置和冷藏时间

制作时间 / 约1个小时

饼底

无盐黄油125克，融化，外加些许用于涂抹

法式巧克力波旁饼干250克

夹心

全脂奶油干酪200克

马斯卡彭奶酪400克

金砂糖75克

鸡蛋3个

纯可可粉40克，过筛，外加些许用作撒粉

优质黑巧克力100克，融化（详见第145页“我的圣诞蛋糕”）

1 将烤箱预热到180℃（风扇160℃）或燃气4挡。将一个直径20厘米的弹簧型蛋糕烤盘涂上融化黄油，底部铺上烘焙纸。

2 制作饼底：将法式巧克力波旁饼碾碎后放入碗里，量好125克黄油，融化后倒入，充分搅拌，然后一起倒入准备好的模具底部，压成平整均匀的一层。

3 制作夹心：将奶油干酪、马斯卡彭奶酪、砂糖放入食品加工机中，搅拌至匀滑。依次加入鸡蛋、可可粉、融化巧克力，不停搅打，直至完全混合。

4 将拌好的夹心用勺子舀到模具里面，抹平表面，放入预热好的烤箱中烘烤50—60分钟，待蛋糕中间仍可以轻轻晃动。关掉烤箱，让蛋糕继续留在烤箱里面，静置约1个小时，然后放入冰箱冷藏至少3个小时。

5 将蛋糕从模具中取出，剥去烘焙纸，放到餐盘上。在蛋糕表面撒上一些可可粉，搭配法式酸奶油食用。

其他口味选择

碧根果、橙子　你可以在夹心里面加一些切碎的烤碧根果仁，或精细磨碎的香橙皮碎，给蛋糕带来一种美好的风味。

薄荷　另一种我很喜欢的做法是，在夹心里加入一小把薄荷巧克力饼干，这样能够使蛋糕有一种浓郁的巧克力薄荷风味。

碧根果焦糖芝士蛋糕

Pecan caramel cheesecake

这是一款完美芝士蛋糕，适合在冬季享用。冬季的风味——浓郁的太妃糖和辛辣的饼干基底，两者的完美结合，帮助您抵挡冬日的严寒。咬下一口蛋糕，烤碧根果会发出嘎吱嘎吱的声音，别有一番享受。

分量 / 可供4人食用

准备时间 / 约40分钟，外加静置和冷藏的时间

制作时间 / 45—55分钟

饼底

消化饼干100克

姜汁饼干100克

无盐黄油75克

烤碧根果

去壳碧根果400克

精白砂糖85克

焦糖

精白砂糖200克

水75毫升

无盐黄油25克

夹心

玉米淀粉25克

精白砂糖200克

软质轻奶酪600克

香草荚1个，剥开

大鸡蛋2个

酸奶油300克

1 将烤箱预热到180℃（风扇160℃）或燃气4挡。将一个直径20厘米的弹簧型蛋糕烤盘涂上融化黄油，给模具的底部铺上烘焙纸。

2 将饼干放入食品加工机中碾碎，或放入塑料袋中用擀面杖碾碎。将饼干屑放入碗里，拌入融化的黄油。把饼干糊倒入准备好的蛋糕烤盘底部，压紧后放入预热好的烤箱中烘烤10分钟，静置冷却。

3 制作焦糖碧根果：将碧根果和砂糖放入炖锅里面，用小火慢慢加热，裹上溶化糖浆，时不时搅拌。这个过程大概需要10分钟，但是要密切关注锅里的变化，小心碧根果煮焦。烤好后静置冷却，分两份。

4 制作焦糖：将糖和水一起放入小炖锅中溶化，用小火慢慢加热至糖浆变成深棕色。关火，静置冷却5分钟，加入黄油。

5 制作夹心：将玉米淀粉和砂糖混合在一起。将轻质软奶酪、香草籽、果肉、鸡蛋依次搅打到玉米糊里面。最后拌入酸奶油和一半的碧根果。

6 将拌好的夹心倒入准备好的模具里面。将煮好的焦糖以旋涡状倒入夹心，用小刀搅成大理石花纹效果。放入预热好的烤箱中，以同样的温度烘烤10分钟。然后将温度下调到90℃（风扇70℃）或最小的燃气挡数，烘烤25—35分钟。关掉烤箱，将芝士蛋糕在烤箱中静置2个小时，转放入冰箱中冷藏，最好冷藏一整晚。

7 将剩下的一半焦糖碧根果放在蛋糕表面做装饰，即可食用。

!

制作芝士蛋糕时，如果煮好的焦糖凝固了，只要再次倒入平底锅中，用小火慢慢加热，溶化即可。

覆盆子旋涡芝士蛋糕
Raspberry swirl cheesecake

这是一款非常棒的蛋糕，但是必须确保你用的是水果成分含量较高的优质果酱。我更喜欢那些带籽的果酱，看上去更像是自制的。

分量 / 可供6人食用
准备时间 / 20分钟，外加静置和冷藏时间
制作时间 / 45—50分钟

饼底

姜汁饼干200克，碾碎
精白砂糖2汤匙
无盐黄油50克，融化，外加些许用以涂抹烤盘

夹心

奶油干酪500克，软化
精白砂糖125克
香草精半茶匙
大鸡蛋2个
白巧克力75克，融化
覆盆子果酱3汤匙，融化

装饰

新鲜覆盆子

1 将烤箱预热到180℃（风扇160℃）或燃气4挡。将一个直径为20厘米的弹簧型蛋糕烤盘涂上融化黄油，底部铺上圆形烘焙纸。

2 制作饼底：将饼干碎、砂糖、黄油搅拌均匀，倒入准备好的蛋糕烤盘底部，压紧后放入预热好的烤箱中烘烤10分钟，放置冷却。将烤箱的温度下调到140℃（风扇120℃）或燃气1挡。

3 制作夹心：将奶油干酪、砂糖、香草精混合充分。加入鸡蛋，充分搅拌，拌入融化巧克力。

4 将拌好的夹心倒入冷却的蛋糕外壳里。用勺子将融化的覆盆子酱在蛋糕表面摊开，用小刀在蛋糕表面划出大理石花纹效果。

5 将芝士蛋糕放入预热好的烤箱中烘烤35—40分钟，待中心差不多凝固了，就说明已经烤好了。关掉烤箱，将芝士蛋糕在烤箱中静置2个小时。

6 将芝士蛋糕放入冰箱中至少冷藏3个小时。将蛋糕的边缘弄松，从模具中取出，剥掉烘焙纸，放到餐盘里面。食用前，用新鲜覆盆子做装饰。

最好使用优质的奶油干酪，它绝对会给蛋糕带来最好的口感。越干燥的奶油干酪越好，如费城奶油干酪。

曼哈顿芝士蛋糕
Manhattan cheesecake

这款蛋糕算是芝士蛋糕中的王者，基本上所有当地的咖啡馆、餐馆或商店都会有这款传统的纽约甜品。你可以搭配各种烩水果食用。

分量 / 可供10—12人食用
准备时间 / 20分钟，外加静置和冷藏的时间
制作时间 / 45分钟

饼底

无盐黄油75克，外加些许用于涂抹
消化饼干300克，碾碎

夹心

奶油干酪1千克（越干燥越好）
精白砂糖250克
中筋面粉3茶匙
香草精1茶匙
柠檬1个，取皮研碎，果肉榨汁
鸡蛋3个
酸奶油300毫升

装饰

酸奶油150毫升
精白砂糖1汤匙
糖粉，用作撒粉

---

1 将烤箱预热到180℃（风扇160℃）或燃气4挡。将一个直径23厘米的弹簧型蛋糕烤盘涂上融化黄油，底部铺上烘焙纸。

2 制作饼底：将75克黄油放入中等大小的平底锅里，拌入饼干屑，然后倒入准备好的蛋糕烤盘底部，压紧，放入预热好的烤箱中烘烤10分钟。准备夹心的同时，将其放上金属架冷却。

3 制作夹心：将烤箱的温度上调到220℃（风扇200℃）或燃气7挡。

4 将奶油干酪放入带搅拌功能的搅拌钵里，以中低速搅打约2分钟至匀滑。逐步加入砂糖和面粉。然后加入香草精、柠檬皮碎、柠檬汁，一次加入一个鸡蛋。拌入酸奶油，直到所有食材完全混合。拌好的蛋糕糊应该轻盈匀滑，并且充满空气。

5 将拌好的夹心倒入准备好的模具，此时蛋糕的表面应该尽可能地抹匀滑。放入预热好的烤箱中烘烤10分钟。将烤箱温度下调到140℃（风扇120℃）或燃气1挡，继续烘烤25分钟。此时，如果轻轻晃动蛋糕，中间的夹心应该也跟着晃动。关掉烤箱，将芝士蛋糕留在里面，关上烤箱门，放置2个小时。冷却后，蛋糕表面会有一些细细的裂纹。

6 蛋糕的裱花：将酸奶油和砂糖拌到一起，在蛋糕表面摊开，然后放入冰箱中冷藏整晚。上桌前撒上糖粉。

1
2
3
7
8
10

4
5
6
9
11
12

布丁
Puddings

对我而言，正餐中的第三道菜才是最重要的。那是一道每个人都会记住的菜式，所以一定要留下好印象！这个章节是我最喜欢的小点心合集，我常常在家自娱自乐时做来尝尝。这些点心不但尝起来绝好，看上去也很棒，有的一摆上餐桌，就增添了一道亮丽的风景线——确实值得花费心思去好好准备！品尝时再给自己来一杯香槟或餐后甜酒吧。

太妃糖布丁

Sticky toffee pudding in golden syrup tins

作为一个法国人，我非常幸运，第一次品尝甜糯的太妃糖布丁就是在大湖区著名的浅湾酒店（Sharrow Bay Hotel）。从那以后，我就成了这款布丁的忠实粉丝。本书中介绍的这款布丁，是我自己的改良版本：将布丁装在金色糖浆罐里面，客人往往会十分惊奇。这样能把罐子成本节省下来，是个不错的想法，而且也会让烹饪更加简单。可以把糖浆倒入保鲜用的大玻璃瓶，放到食橱里保存起来，以备将来使用。

分量 / 可供6人食用

准备时间 / 15分钟，外加静置时间

制作时间 / 20—25分钟

切碎的椰枣，在125毫升热茶中至少浸泡2个小时

金色糖浆375克

无盐黄油50克，软化

精白砂糖150克

大鸡蛋2个

焦糖香精几滴（可选）

中筋面粉150克

泡打粉1茶匙

配餐

香草冰淇淋

1 将烤箱预热到180℃（风扇160℃）或燃气4挡。

2 沥干椰枣。将375克金色糖浆倒出来。如果没有6个454克装的金色糖浆罐，可以使用较大的陶瓷模子（详见“小提示”）。

3 制作布丁糊：将黄油和砂糖放入大碗里一起搅拌。加入鸡蛋，充分搅拌。加入焦糖香精（如果有）和椰枣，然后轻轻拌入面粉、泡打粉。

4 往每个糖浆罐中倒入2汤匙金色糖浆。通过倾斜糖浆罐，让罐壁和罐底都裹上一层糖浆。将拌好的布丁糊平均分装到各个罐子里面，放上烤盘。

5 放入预热好的烤箱中烘烤20—25分钟。

6 将烤盘从烤箱中取出，放置冷却5分钟，舀一个香草冰淇淋球放在每个布丁上面，即可食用。

若没有金色糖浆罐，用陶瓷模子也是一样的。你需要6个大陶瓷模或8个小陶瓷模，其中的布丁糊不能超过其体积的3/4。

GOLDEN SYRUP
GOLDEN SYRUP
ABRAM LYLE & SONS
SUGAR REFINERS
454g

香梨咸油焦糖慕斯
Salted butter caramel mousse with minipears

用著名的米歇尔·鲁克斯[注：米歇尔·鲁克斯（Michel Roux Junior），法国著名的河滨酒店的总监]的话说，“这是一个令人赞不绝口的组合”。当然，我会建议你使用布列塔尼咸味黄油，这样才能确保最佳的味道！这款布丁很适合在特殊时刻享用，例如在你努力做好一件事并获益良多的时候。

分量 / 可供6人食用

准备时间 / 大约1个小时，外加冷藏时间

香草海绵蛋糕1个，自制（详见第8页“经典‘蛋糕男孩’香草海绵蛋糕”），或买来的优质海绵蛋糕

中等大小梨子2个，削皮，去核，切片

罐装小梨子6个

纯可可粉1茶匙，用作撒粉

慕斯

精白砂糖200克

水50毫升

牛奶500毫升

含盐黄油100克，另加些许涂抹烤盘

蛋黄2个，打散

食用明胶片6片，在少量冷水中浸泡（或12克，请参照包装说明）

淡奶油300毫升，或打发的高脂厚奶油

浅色焦糖

精白砂糖200克

水50毫升

1 首先，制作慕斯所需的黑焦糖：将200克砂糖、50毫升水倒入炖锅中加热，直到砂糖完全溶化。同时，将牛奶放入另一个单独的炖锅中加热。

2 将装砂糖和水的炖锅继续加热、煮沸。在糖浆开始变稠，且颜色变深前，不要搅拌，不要将粘在锅壁上的结晶弄掉，以免结晶落入锅里（详见第41页“核桃挞”的小提示）。

3 将黄油拌入焦糖，拌入温热的牛奶，充分搅拌均匀，直到焦糖完全溶化。关火，将一半的浅色焦糖倒入蛋黄里面，搅拌，然后将剩下的焦糖倒进去。重新开小火慢慢加热，不停搅拌，直至焦糖糊变稠，熬成奶油冻。

4 拌入软化的食用明胶，然后将焦糖糊放置冷却，冰箱冷藏，但不要冻得完全凝固。

5 用大金属勺子轻轻将淡奶油拌入冰冻焦糖糊。

6 拿出6个较深的圆形模子（宽约9厘米，深5.5厘米）。用一个圆盘刀具在海绵蛋糕上切出6块和模子一样大小的圆形蛋糕，然后再水平切成约1厘米厚的蛋糕片。在每个模子的底部放一个蛋糕片，然后铺上一层慕斯和几片梨子；再放一层蛋糕片，铺上另一层慕斯。放入冰箱中冷藏一夜让它冻住。

7 制作浅色焦糖：将200克砂糖、50毫升水倒入炖锅中加热，直到砂糖完全溶化，继续加热至沸腾。待糖浆变稠、颜色变浅金黄色时，开始搅拌。

8 将一个小梨子浸泡到浅色焦糖里面，裹上一层糖浆，然后放到盘子里让糖浆凝固。要提前将盘子涂上黄油，免得梨子粘在盘子上。

9 拿出4个餐盘，用叉子将剩下的焦糖撒在餐盘里。去掉4个慕斯的模子，放到餐盘里面，撒上可可粉，搭配裹了焦糖的梨子食用。

香蕉太妃派
Banofee pie

我爱着这款派的全部——松脆的饼底，滋味丰富的夹心，一切简直让人无法抵抗。我喜欢用一些还不太熟的香蕉，那样会有点嚼头。

分量 / 可供8—10人食用

准备时间 / 40分钟，另加冷藏时间

制作时间 / 10分钟

饼底

无盐黄油75克，外加1汤匙融化的无盐黄油用以涂抹烤盘

300克装的巧克力粗粮饼1包

太妃夹心

无盐黄油100克

软黑棕糖100克

397克装的炼乳1罐

装饰

大香蕉3根

高脂厚奶油500毫升

纯可可粉，用作撒粉

---

1 将一个直径22厘米的陶瓷馅饼盘子涂上融化黄油。将巧克力粗粮饼放入冰箱冷藏袋里，用擀面杖碾碎。

2 将黄油放入炖锅里慢慢融化，倒入碾碎的饼干，充分搅拌，使饼干和黄油完全黏合在一起。把饼干糊倒入馅饼盘子里，用勺子拍紧，盖住盘子的底部。放入冰箱冷藏至凝固。

3 制作太妃夹心：将黄油和软黑棕糖放入平底锅，小火加热，直到软黑棕糖溶化。倒入炼乳，慢慢加热，不断搅拌。待黄油糊沸腾，关火。将煮好的太妃夹心倒在饼干基底上面，放入冰箱冷却。

4 待太妃派冷冻变硬之后，将香蕉切成片摆上表面。将奶油打发至湿性发泡，用裱花袋或勺子盖在香蕉上。撒上可可粉，再次放入冰箱中冷冻。

热姜饼蛋奶酥
Hot gingerbread soufflé

这款甜品含有传统姜饼的全部风味，但质地更加轻盈。不要害怕做蛋奶酥——只要记住蛋奶酥需要现做现吃就行了。做好了直接端上桌，让你的客人们为之倾倒。

分量 / 可供8人食用
准备时间 / 30分钟
制作时间 / 11分钟

无盐黄油50克
精白砂糖135克
黑巧克力或调温巧克力210克(70%可可含量)，捏成碎片
黑朗姆酒2茶匙
姜粉2茶匙
肉桂粉1茶匙
香草精1/4茶匙
鸡蛋5个，蛋黄和蛋清分开

配餐

香草奶油冻（自制技巧见第188页的“蛋酒奶油蛋糕”）

---

1 将烤箱预热到180℃（风扇160℃）或燃气4挡。将一半的黄油融化，刷在8个陶瓷小模子里面。将25克砂糖倒入其中的一个模子里，轻轻拍打模壁，裹上砂糖。将多余的砂糖倒入下一个模子。重复上述步骤，使所有模子都裹上黄油和砂糖。

2 将巧克力、朗姆酒、香料、香草精、剩下的黄油放入大碗里，再把碗放在装了沸水的平底锅上（碗底不能接触到沸水），搅拌直至巧克力糊变匀滑。将碗从沸水上拿走，拌入蛋黄，一次一个。

3 拿出一个干净的大碗，倒入蛋清，搅打至湿性发泡。用金属勺子将少量蛋清拌入巧克力糊拌匀后，再轻轻拌入剩下的。

4 将拌好的巧克力鸡蛋糊分别舀到模子里去，将模子放入烤盘，送入预热好的烤箱中烘烤整整11分钟。

5 将香草奶油冻倒入各个奶酥的中间，即可食用。

这些蛋奶酥必须即做即吃：从烤箱中取出来2分钟之后，蛋奶酥就会塌陷。烘烤时不要打开烤箱门，这会让蛋奶酥无法膨胀变大。

1
2
3
4

5
6
7
8

蛋酒奶油蛋糕
Eggnog trifle

奶油蛋糕是圣诞的时候大受欢迎的一款甜品，而在这里，我希望对这款甜品做我自己的诠释与宣传。这款甜品使用了美味的意式杏仁脆饼和大量利口酒——可以称得上是玻璃杯里的圣诞。

分量 / 可供6人食用
准备时间 / 30分钟，外加浸渍时间和冷藏时间
制作时间 / 20分钟

各色浆果350克，例如覆盆子、蓝莓、红莓，外加些许用来装饰
糖粉3汤匙，外加些许用来撒粉
柑曼怡酒3汤匙
意式杏仁脆饼12个，外加少量用来做装饰
市售糖渍浆果6汤匙（或自制，方法见第84页“我的伊顿麦斯”）
马斯卡彭奶酪250克
精白砂糖50克

蛋酒奶油冻

全脂牛奶300毫升
大蛋黄2个
玉米淀粉2汤匙
精白砂糖2汤匙
荷兰蛋酒（注：荷兰蛋酒，一种用白兰地、糖、蛋、香料等配制成的酒精饮料）3汤匙
香草精1/4茶匙

---

1 把各色浆果、糖粉、柑曼怡酒一起放入碗里，放置浸泡20分钟。

2 将12个意式杏仁脆饼分别装入6个玻璃杯中，分别往各个玻璃杯中放1汤匙糖渍浆果。将一半的各色浆果分别装入6个玻璃杯中。

3 拿出一个碗，将马斯卡彭奶酪和砂糖混合在一起。用勺子将拌好的乳酪在浆果上摊开，放入冰箱冷藏30分钟。

4 同时，制作蛋酒奶油冻。将牛奶倒入平底锅，加热，注意不要煮沸。将蛋黄、玉米淀粉、砂糖放入碗中，充分搅打，然后倒入鸡蛋糊，用手持电动搅拌器搅拌至完全混合。将蛋奶糊重新倒入锅里，小火加热，并用木勺子不断搅拌，直到蛋奶糊变浓稠，但注意不要煮沸。

5 将煮好的蛋奶糊倒入碗里，拌入荷兰蛋酒和香草精。拌好后，在表面盖一张烘焙纸，防止表面凝固成皮。放置冷却即可。

6 将冷却的蛋酒奶油冻在马斯卡彭奶酪的表面摊开。将剩下的意式杏仁饼碾碎，和剩下的浆果一起放在甜品表面做装饰。撒上糖粉，即可食用。

如果这款甜品不用荷兰蛋酒，那么做出来的奶油冻就会是普通的香草奶油冻，你会在本书中偶尔见到它。如果你想做卡巴度斯苹果奶油冻的话，只需要用卡巴度斯苹果酒替换荷兰蛋酒即可。

巴黎泡芙
Choux Parisiens

这款轻盈的泡芙酥皮，和这款十分传统的法国奶油蛋糕中使用的果仁糖奶油造就了伟大的结合。最好当天就享用，风味最佳。

分量 / 可供6—8人食用

准备时间 / 约45分钟

制作时间 / 35—40分钟

酥皮

中筋面粉150克

水125毫升

牛奶125毫升

无盐黄油100克，切成小块

鸡蛋4个，稍微打散

杏仁薄片40克

奶黄

蛋黄3个

精白砂糖100克

中筋面粉60克

牛奶250毫升

无盐黄油200克，软化

巧克力酱或榛仁酱100克

糖粉，用作撒粉

1 将烤箱预热到200℃（风扇180℃）或燃气6挡。给烤盘铺上烘焙纸，用铅笔在烘焙纸上画一个和直径22厘米蛋糕烤盘同样大小的圆圈。

2 将面粉过筛之后放到一边备用。将牛奶和水倒入锅里，中火加热，加入切块的黄油，待黄油融化，将火调大，迅速煮沸。关火，立刻加入面粉。然后重新加热，用木勺大力搅打，直到蛋糕糊不再粘着锅壁、匀滑有光泽。这个过程需要1分钟左右。

3 将蛋糕糊放置冷却几分钟，加入鸡蛋，每次只加入少量，充分搅打后再加入一些。这样拌出来的蛋糕糊会匀滑有光泽。

4 给裱花袋装上较大的星形裱花嘴，用勺子将蛋糕糊舀到裱花袋里。沿着你最开始画出的圆圈，在准备好的烤盘里裱出一个环形，在刚刚那个环形里裱出第二个环形，在最里面裱出第三个环形，三个环应该相互贴紧。撒上杏仁薄片。

5 将烤盘放入预热好的烤箱，烘烤至膨胀、变成金黄色。你需要密切关注蛋糕糊的变化，但是这个过程大概需要35—40分钟。烤好之后从烤箱取出，放置到金属架中冷却。

6 制作奶黄：将蛋黄、砂糖、面粉放入大碗里，用电动搅拌器搅拌3—4分钟，直至颜色变浅、质地柔滑。

7 将牛奶放入炖锅中煮沸，倒入上一步拌好的鸡蛋糊里面，充分搅打，使之变得匀滑。将拌好的牛奶鸡蛋糊重新倒回锅里，不停搅拌，开火煮沸。小火继续加热2分钟，并继续搅拌。将煮好的牛奶鸡蛋糊倒入碗里，加入一半的无盐黄油，搅拌使之融化。放置冷却。

8 待牛奶鸡蛋糊冷却之后，将剩下的黄油、榛仁酱也依次加入，用电动搅拌器搅拌均匀。冷藏30分钟。

9 待全部食材都准备好后，将烤好的环形酥皮放到盘子里，水平切成两半。给裱花袋装上星形的裱花嘴，用勺子舀入牛奶鸡蛋冻，挤到底部那一半环形酥皮上去，盖上另一半酥皮，撒上糖粉。这款泡芙最好当日食用。

热巧克力软糖蛋糕
Hot chocolate fondants

对我而言，这是最容易做的软糖蛋糕了，基本上是不会出任何差错的。不用猜也知道，这款蛋糕成功的秘诀在于时间的把握。烘焙的时候，设一个闹钟，然后你就能为朋友送上最美味的巧克力甜点了。除此以外，还有另一个好处，那就是你甚至可以提前一天将这款蛋糕准备好。

分量 / 可供4人食用
准备时间 / 25分钟
制作时间 / 8分钟

无盐黄油125克，外加些许涂抹烤盘
纯可可粉1汤匙，外加些许用作撒粉
黑巧克力125克，捏成碎片
精白砂糖60克
小鸡蛋3个
小蛋黄3个
中筋面粉100克，过筛

!

这款软糖蛋糕可以提前一天做好，放入冰箱冷藏。准备食用时再重新加热。

为了方便检查蛋糕是否已经烤好了，我建议你可以额外多做一个，以便探入金属叉子来检查蛋糕是否已熟。

1 将烤箱预热到200℃（风扇180℃）或燃气6挡。将4个200毫升的耐热模子（最好是杯型的小模具）涂上黄油，稍微撒上一些可可粉。

2 将黄油和巧克力一起放入碗里，将碗放到隔水炖锅（双层蒸锅，或装了沸水的合适炖锅）里去，加热融化巧克力和黄油，注意不能让碗底碰到水。

3 将砂糖、鸡蛋、蛋黄一起放入大碗，用电动搅拌器搅拌至轻盈、颜色变浅。

4 将融化的黄油巧克力糊倒入鸡蛋糊，然后用金属勺子拌入筛过的面粉和可可粉。

5 将4个准备好的模具放到烤盘里。将拌好的蛋糕糊倒入各个模具里面，放入预热好的烤箱中烘烤大约8分钟。

6 待蛋糕的外壳变脆，用小刀弄松边缘，小心从模具中倒出到餐盘。现在，蛋糕的内部应该仍然香甜多汁——就像图片里一样！

◆ 这款蛋糕应搭配浓奶油、法式酸奶油、香草冰淇淋食用。

巧克力樱桃小蛋糕

Chocolate and cherry teardrops

这一款并不是20世纪70年代德式樱桃黑森林蛋糕的翻版！浓郁的香味和泪珠般的造型让这款小蛋糕十分现代、时尚。

分量 / 可供6人食用

准备时间 / 40分钟，外加冷冻时间

黑巧克力175克（70%可可含量），捏成碎片

巧克力海绵蛋糕200克（也可以用第4页“经典‘蛋糕男孩’巧克力蛋糕”里的海绵蛋糕）

大蛋黄4个

精白砂糖125克

无盐黄油150克

纯可可粉75克

高脂厚奶油250毫升

装饰

390克装樱桃白兰地浸泡的樱桃1罐，沥干（将樱桃白兰地保存起来）

带茎新鲜樱桃（也可以用罐装樱桃代替）

可食用银色叶子

用醋酸纤维带子剪出一个泪滴形状（按照上面提到的尺寸）。将这个“泪滴”放到海绵蛋糕上面作为模板，用小刀挨着模板的边缘切下去。这个模板同时还可以用来切下其他泪滴形小蛋糕。如果没有醋酸纤维带子，可以用全新的塑料夹把它切成条形——也可以用双层不粘烘焙纸，或羊皮纸。

1 将100克巧克力放入碗里，再把碗放在装了沸水的平底锅上（碗底不能接触到沸水），时不时搅拌，让巧克力慢慢融化。

2 将醋酸纤维带子切成30×5厘米的长条。用刀从巧克力海绵蛋糕上切下6块泪滴形的蛋糕（详见“小提示”）：切下的蛋糕块厚约1.5厘米，宽7.5厘米，长10厘米（足以让醋酸纤维带子环绕一圈）。将醋酸带子的一面刷上一层厚厚的融化巧克力，然后环绕在泪滴形蛋糕上（刷了巧克力的一面朝里），用回形针固定起来。放上烤盘，然后放入冰箱冷藏凝固。

3 将砂糖和蛋黄一起放入大碗，用电动搅拌器搅拌至蛋黄浆浓稠、颜色变浅。

4 将黄油、可可粉、剩下的巧克力一起倒入碗里，再把碗放在装了沸水的平底锅上，时不时搅拌（碗底不能接触到沸水）。将融化的巧克力糊拌入鸡蛋糊里。拿出另外一个碗，将奶油倒入碗中轻轻搅打，然后也拌入到巧克力糊里，做成慕斯。

5 用勺子将一层沥干的樱桃在泪滴形海绵蛋糕的表面摊开。在各个小蛋糕表面淋上2茶匙樱桃糖浆。用裱花袋或勺子将做好的慕斯浇在蛋糕表面。放入冰箱冷藏1个小时。

6 小心地将醋酸纤维带子剥掉。用几颗樱桃和一些银色叶子在蛋糕表面做装饰。

苹果夏洛特布丁
Apple Charlotte

这种经典的夏洛特布丁究竟来自哪儿，有很多争议——有人说英国，有人说法国，还有人说俄罗斯。不过出身并不重要——这款布丁做得好的话，绝对可以带来完美的冬日暖意。我最喜欢用这款布丁搭配卡巴度斯苹果奶油冻食用。

分量 / 可供8人食用

准备时间 / 大约40分钟，外加冷却和静置的时间

制作时间 / 45分钟

苹果450克（最好是青苹果和红苹果各一半）

精白砂糖1汤匙

无盐黄油200克

面包片10片（从条形方包上切下来的，约5毫米厚）

蛋黄1个

额外的苹果2个，削皮，去核，切成1厘米的小方块

金砂糖100克

配餐

奶油冻

---

1 将450克苹果削皮，去核，切成环形的苹果片。将苹果片放入冷水中冲洗干净，然后和砂糖、30克黄油一起放入平底锅。小火加热至苹果变软得可以搅打成果酱。将苹果搅打得非常匀滑，放置一旁冷却。

2 将面包皮剥掉，剩下的黄油放入小锅里慢慢融化。将面包片都切成两个同样大小的矩形，正反两面都刷上融化黄油。将四分之三的面包片铺到一个600毫升的布丁烤盘或布丁模子里，底部和侧面都需要。确保面包片的边缘重叠在一起了，没有留下任何缝隙。将面包片向下压紧密封。

3 待苹果酱完全冷却之后，将蛋黄搅打进去。将三分之一的苹果酱倒入面包模具里面，再将一半的苹果片摆在表面，盖上一层面包片，撒上一半的金砂糖。以上动作重复一次，然后将剩下的那三分之一苹果酱倒在最表面。用一个比模具稍小，重约1公斤的重物压在面包上。放置在一旁，压缩30分钟。

4 同时，将烤箱预热至200℃（风扇180℃）或燃气6挡。

5 压缩30分钟之后，将模具（重物仍然压在上面）放入预热好的烤箱中。烘烤35分钟之后，小心地将压着的重物取走，继续烘烤10分钟，待布丁表面变成棕色，从烤箱中取出，继续在模具中放置冷却数分钟。

6 将布丁翻转倒在温热的餐盘上，搭配奶油冻即时食用。

玫瑰香槟果冻
Pink champagne jelly with berries

这个和你从前尝过的那一款不同，它是升级版。搭配用餐的时候，可以用餐后甜酒来代替香槟，以获得更甜美的口感。

分量 / 可供8人食用
准备时间 / 20分钟，冷藏时间另计，另需静置一夜

新鲜小草莓350克
新鲜覆盆子225克
新鲜各色红、白、黑加仑子250克
玫瑰香槟425毫升
香草荚1个，剥开
食用明胶片6片，浸泡在水中（请参照包装说明）
柠檬汁1茶匙

1 首先，将浆果冲洗干净，去掉茎秆。草莓对半切开，和别的浆果一起放入碗里。

2 制作果冻糊：将一半的香槟和香草荚倒入炖锅，加热煮沸。将浸泡过的食用明胶片拌入香槟。等到食用明胶片完全溶化后，拌入剩下的香槟和柠檬汁。将煮好的果冻糊倒入壶里，放置冷却。

3 拿出一个900克的条形蛋糕烤盘，将一半的浆果倒入模具底部。将香草荚取出，将一半的果冻糊倒在浆果上面，放入冰箱中冷藏几小时，果冻开始凝固。

4 待第一层果冻糊凝固后，将剩下的浆果倒入模具里，然后倒入剩下的果冻糊。放入冰箱，冷藏整晚。

5 待准备食用这款果冻时，将模具的底部在热水中浸一下，这样果冻就很容易取出来了。将果冻倒在餐盘上，将一把尖刀在热水中浸一下，然后将果冻切成片。

◆ 这个果冻和马斯卡彭奶酪或法式酸奶油搭配食用时非常棒！

香梨牛奶冻
Blancmange with pears

我知道很多人讨厌牛奶冻，不过这马上要打翻身仗了。试试吧，你一定会心服口服的！

分量 / 可供8人食用
准备时间 / 45分钟，外加浸泡一夜，冷藏和凝固时间
制作时间 / 10分钟

水煮梨和果冻

梨子4个
水1升
柠檬1个，取柠檬汁
精白砂糖300克
液态蜂蜜275克
黑胡椒粉
香草荚1个，剥开
肉桂棒1根
丁香3个
八角茴香2个
食用明胶片8片，浸泡在水里（请参照包装说明）

牛奶冻

全脂牛奶750毫升
杏仁粉125克
香草荚1个
杏仁香精1茶匙
食用明胶片8片，浸泡在水里（请参照使用说明）
蛋黄2个
精白砂糖100克

为了方便将牛奶果冻从模具中取出，可以将模具的底部放在热水中浸一下。

1 提前一天煮好梨子。将4个梨子削皮去核，但要保持梨的完整，并保留茎秆。将梨子放入锅里，加入1升水、柠檬汁、砂糖、蜂蜜、黑胡椒、香草荚等香料。开火煮沸，烹煮约10分钟，直到尖刀轻易将梨子刺穿。关火，放置浸泡整晚。

2 第二天，将梨子从糖浆中取出。保留150毫升的糖浆：准备食用牛奶冻时，可以将这些糖浆淋在表面。

3 将食用明胶片从水里取出，放入锅里，加入剩下的梨子糖浆，用小火加热至食用明胶片完全溶化。准备一个1.5升的环形模具，将一半的明胶糊倒入底部，放入冰箱中冷藏至凝固。这需要数小时。

4 待果冻凝固后，将水煮梨纵向切成约1厘米厚的梨片，放在凝固的果冻上，在表面倒上剩下的果冻糊。再次放入冰箱中冷藏几小时。

5 同时，需要准备牛奶冻。将牛奶倒入炖锅中煮沸，停止加热。加入杏仁粉和香草荚，放置浸泡几小时。

6 待果冻凝固后，用滤网将牛奶杏仁糊过滤到干净的平底锅里，然后倒掉杏仁粉和香草荚。在牛奶杏仁糊里加入杏仁香精，小火加热，变热后停止加热。沥干浸泡过的食用明胶片，然后拌入，搅拌至溶化。

7 将蛋黄和砂糖放入碗里，用电动搅拌器搅拌至颜色变浅。慢慢倒入热牛奶糊，充分搅拌。将拌好的牛奶蛋黄糊倒入一个壶里，放置冷却。

8 待完全冷却后，将牛奶蛋黄糊浇在果冻上面，放入冰箱中冷藏整晚。

9 待准备食用时，将开始保存起来的糖浆淋在果冻表面，从模具中取出，放在餐盘上，再次浇上一些梨子糖浆。

巧克力面包黄油布丁
Chocolate bread and butter pudding

有次我剩了一点儿巧克力面包没有用完，于是便创造了这款温暖的布丁。它比普通的面包黄油布丁更让我喜欢，加一点儿意大利苦杏酒或君度橙味酒，味道会更特别！

分量 / 可供4—6人食用

准备时间 / 20分钟

制作时间 / 30—40分钟

无盐黄油，用来涂抹烤盘

巧克力面包4个

金色葡萄干50克

全脂牛奶450毫升

黑巧克力150克（70%可可含量），捏成碎片

鸡蛋3个

香草精1茶匙

精白砂糖1汤匙，外加些许撒在布丁上

!

提前一天将葡萄干浸泡在黑朗姆酒里面，浸泡整晚，味道会更为饱满。

1 将烤箱预热至170℃（风扇150℃）或燃气3挡。将一个1.25升的餐盘涂上融化黄油。

2 将巧克力面包水平切开，然后再横切一刀。每个面包可以切成4块——切成三角形或正方形。将这些切好的面包片摆在餐盘里面，每摆好一层，就在上面撒一些葡萄干。将剩下的4片面包盖在最上面，这样这个布丁的最表面就会是巧克力面包。

3 将牛奶和巧克力放入炖锅中，用小火加热至融化。将巧克力煮热，但不要煮沸。

4 将鸡蛋、香草精、砂糖放入大碗里拌匀，然后倒入热巧克力牛奶糊，充分搅拌至完全混合。

5 将拌好的巧克力糊轻轻倒在布丁上，小心不要将表面的面包片冲走了。放置10分钟至凝固。

6 在布丁表面撒上一些精白砂糖，放入预热好的烤箱中烘烤30—40分钟，直到布丁表面变成棕色，且外壳变得酥脆。

巧克力焦糖布丁

Chocolate crème brûlée

这是一款流行酒馆甜点的浓郁升级版，保证会让你在用餐时心情更加舒畅。

分量 / 可供6人食用

准备时间 / 25分钟，外加冷却和冷藏的时间

制作时间 / 大约15分钟

黑巧克力85克，捏成碎片

蛋黄5个

砂糖300克

高脂厚奶油300毫升

香草荚1个，剥开

装饰

麦拉拉蔗糖300克

制作焦糖外壳时，如果条件允许，最好使用厨用喷灯。如果没有，那么就用烤架。烘烤时，需要将模子尽量靠近火源（要密切关注布丁的变化），让布丁外壳迅速变成棕色，否则布丁里面的奶油冻可能会烘烤过度。如果提前一天将焦糖布丁做好了，可以放入冰箱中冷藏整晚。这样放在烤架下加热时，就没有那么容易烘烤过度了。布丁表面最好用麦拉拉蔗糖，因为白砂糖很容易就会烧起来。

1 将巧克力放入耐热碗里，放到装了沸水的平底锅上（碗底不能碰到水），时不时搅拌。待巧克力完全融化后，停止加热。

2 将蛋黄和砂糖放入搅拌器中搅打至颜色变浅、质地轻盈。

3 将奶油和香草荚放入厚底炖锅，加热煮沸。

4 将热奶油糊倒入拌好的蛋黄里面，充分搅拌。重新倒入炖锅，小火加热，不停搅拌，直到奶油糊浓厚。将香草荚取出。

5 将奶油糊倒入至融化巧克力，搅拌至混合均匀。

6 将拌好的巧克力奶油糊分别倒入4个陶瓷小模子，放置冷却，然后放入冰箱中冷藏（最好能冷藏一整晚），凝固。

7 将砂糖均匀撒在布丁上，制作巧克力焦糖：在布丁上洒少量水，用厨用喷灯将布丁上的砂糖烤成巧克力焦糖。也可以用烤架来制作巧克力焦糖：将烤架预热好，把布丁放到下面，加热即可。布丁烤好后，可以直接食用。

姜汁香茅焦糖布丁
Fusion crème brûlée

到底是谁先创造了这款“焦糖奶油”（或“焦糖布丁”），法国人和英国人总是吵个没完，这可真有意思。不过这里是我自己的做法，带有亚洲的风味。

分量 / 可供6人食用

准备时间 / 15分钟，外加冷却和凝固的时间

制作时间 / 40—45分钟

鲜姜1根，约100克

香茅茎2根，去掉外叶

高脂厚奶油350毫升

牛奶125毫升

香草荚1个，剥开

鸡蛋6个

精白砂糖100克

装饰

麦拉拉蔗糖300克

---

1 将烤箱预热至140℃（风扇120℃）或燃气1挡。准备一个较浅的盘子，直径约15厘米、深约3厘米，或准备6个独立的小碟子。

2 将鲜姜和香茅茎放入食品加工机，搅打成糊状。

3 将奶油、牛奶、香草荚、鲜姜香茅糊放入大炖锅，慢慢加热，注意不要煮沸。

4 将鸡蛋和砂糖放入碗里，用电动搅拌器搅拌至颜色变浅、质地轻盈。将热奶油慢慢倒入鸡蛋糊里面，不断搅拌。

5 将拌好的奶油鸡蛋糊用细滤网过滤到准备好的盘子里，放入预热好的烤箱中烘烤40—45分钟，直到奶油糊仍然可以晃动。

6 放置冷却，在表面均匀撒上一层麦拉拉蔗糖。食用前，用厨用喷灯将表面的砂糖烤成焦糖。立刻上桌食用。

油酥点心与饼干

Pastries & biscuits

千层酥皮
Puff pastry

这款点心堪称酥皮糕点中的王者，其味道和口感绝对值得你努力付出。

分量 / 1千克

准备时间 / 冷藏和放置2晚，外加约3个小时（含冷却时间）

制作时间 / 根据个人制作时间决定

中筋面粉400克，外加些许用作撒粉

食盐1—1.5茶匙

无盐黄油90克（低温），切成小块

冷水210毫升

无盐黄油300克，软化

大蛋黄1个，拌入1汤匙牛奶打发，做成牛奶蛋浆

确保你的面团不要粘上任何面粉，因为这会使千层酥皮在烘焙的时候无法膨胀到理想的大小。

将面团擀开的时候，不能用力过大，否则会破坏掉千层酥一层又一层的美感。

由于千层酥皮不包含任何蛋、糖成分，因此烘烤前要涂刷一点牛奶蛋浆。

1 用滤网将面粉和食盐筛入大碗，用指尖搓入黄油；动作要快，以保持面团较低的温度，否则面团很快会变黏。中间挖空，将210毫升冷水一次性加入，用手指或胶刮刀逐步将面粉刮到水里，让它们完全融合，不要揉面团。

2 在案板上稍微撒上一些面粉，放上面团，揉成球形，包上保鲜膜，放入冰箱冷藏一夜。

3 将软化的黄油夹在两张保鲜膜中间，用擀面杖擀成边长为12.5×20厘米的矩形。面团跟黄油的稠度应该差不多。如果不是，则要将面团放置在室温下软化，或者冷藏黄油变硬。

4 在案板上撒上少量面粉，放上面团，擀成一个边长为30×37.5厘米的矩形，用糕点刷拂去表面的面粉。

5 将夹住黄油的一张保鲜膜剥掉。将黄油放到面团的中心，再把另一张保鲜膜剥去。将面团的四边都朝黄油中心叠起来。如果有需要的话，可以拉伸面团，千万不能让黄油漏出来。面团叠起后，用擀面杖来回压几次，压出一些脊边，再擀开。重复几次，直到面团的脊边体积变成原来的两倍。从脊边处开始，将面团擀成一个边长为20×50厘米、匀滑平整的矩形。让面团四个角呈直角状即可。

6 将面团分成三等份，纵向叠起，就像折商业信函那样。这样，第一次折面团就完成了。将面团旋转90度，使折边在你的左手边，整个面团就像一本书一样。再次将面团擀开，重新捏出脊边。同样，你需要将面团擀成一个边长为20×50厘米的匀滑平整的矩形。再次将面团三等分，纵向折叠。就这样，第二次折面团也完成了。盖上保鲜膜，至少冷藏30分钟。

7 重复旋转，擀开和折叠，直到将面团折了5次。每次最多折叠两次后，就要放入冰箱冷藏30分钟。塑形和烘焙前，先用保鲜膜盖住面团，放入冰箱冷藏整晚。记住，在将面团塑形之后，还需要冷藏30分钟，才能烘烤。

◆ 刷上牛奶蛋浆，烘烤温度为200℃（风扇180℃）或燃气6挡，具体的烘焙时间取决于糕点的形状和大小。

1
2
3
4
5
6
7
8
9

泡芙酥皮
Choux pastry

说来也有趣，几乎所有人都认为这款酥皮做起来非常难。但是不要担心，实际上这款酥皮非常简单方便，并且食材和工具也没有太多要求。制作这款酥皮唯一需要练习的就是裱花，因为成功的裱花会让你做出最好看的条形泡芙或圆形泡芙。

分量 / 300克
准备时间 / 20—30分钟
制作时间 / 15—20分钟

水80毫升
无盐黄油40克，置于室温下，切成小方块，另备些许用于涂抹
中筋面粉50克，过筛
鸡蛋2个，置于室温

1 将水和黄油放入中型炖锅中，中火加热，烹煮3—4分钟，用木勺不停搅拌，直到黄油完全融化、即将沸腾。

2 将全部面粉一次性加入到黄油糊里面，用木勺搅拌，直至完全混合在一起。用小火加热1—2分钟，搅拌成球形，且锅壁上不再粘着面粉糊。放置在一旁冷却5分钟。

3 将1个鸡蛋打入小碗，搅打后，放置备用。再拿出小碗，打入剩下的鸡蛋，然后倒入面粉糊，用木勺搅拌均匀。将放置备用的鸡蛋逐步加入进去，一次只需加入一点点，搅打，直到面粉鸡蛋糊从勺子上流下时，仍能保持形状（你大约只需要用到半个鸡蛋）。

4 烤盘涂上黄油，用勺子或裱花袋（装上1厘米平裱花嘴）将面糊在烤盘上裱出需要的形状和大小，刷上剩下的鸡蛋，这样烤出来的酥皮就会是金黄色的。可以自己决定酥皮的形状和大小——迷你条形泡芙或圆形泡芙都会让朋友们印象深刻。但是记住，同一个烤盘上的泡芙应该大小基本一致，因为太小的泡芙会熟得很快。

5 烘烤的最佳温度为200℃（风扇180℃）或燃气6挡。烘烤过程大概需要15—20分钟，这取决于泡芙酥皮的大小。烤好后，面糊应该充分膨胀、变成金黄色。同时还要检查酥皮的内部是否也烤好烤干了——这对于往里面填充奶油非常重要。

6 酥皮填入淡奶油或法式奶油馅（详见第49页“新鲜水果挞”）。享用时，可以蘸上融化巧克力，或撒上软糖粉。

1
2
3
4
5
6

法式甜面团酥皮
Sweet shortcrust pastry

这款酥皮，法语里叫“Pâté Sucrée”，是一款完美的挞底和甜派装饰。

分量 / 250克

准备时间 / 20—30分钟，外加冷藏时间

制作时间 / 15—20分钟

中筋面粉115克

无盐黄油50克（低温），切成小块，外加些许涂抹烤盘

糖粉25克，过筛

蛋黄1个

香草精1茶匙

如果你不擅长擀面团、铺烤盘烘焙纸，可以在一张保鲜膜上撒上少量面粉，将面团在保鲜膜上擀开，然后直接拿起保鲜膜，将面团倒入模具里。轻轻按下，取出保鲜膜（详见右页图）。如果将面团放进模具时弄破了一些，也不必担心；只要简单修补一下，然后捏合在一起就可以了。

1 将面粉筛入搅拌钵，用指尖将黄油搓入，直到面粉糊看上去如同精细的面包碎屑，拌入砂糖，再把中间挖空。

2 将蛋黄、1汤匙冷水、香草精轻轻搅打在一起，将蛋黄糊倒入挖空的面粉糊里，用指尖将其混合到一起，揉成柔软的面团，包上保鲜膜，擀开前先放入冰箱冷藏1小时。

3 稍微揉一下面团。在案板上撒上少量面粉，放上面团擀开，比一个直径23厘米的活底型馅饼烤盘稍微大一些。在馅饼烤盘的底部和侧面都涂上一些融化黄油。

4 将擀开的面团搭在擀面杖上，放入馅饼烤盘里面，将底部压实，将边缘向上拉。修整面团，边缘稍微高于模具。用叉子在面团的底部扎一些小孔。

盲焙

给生面团烤模铺上防油纸，用陶瓷烤豆（通常比干豆能传导更多的热量）填满模具。将烤箱预热到200℃（风扇180℃）或燃气6挡。放入预热好的烤箱中烘烤10分钟，直到面团变成金黄色。将陶瓷烤豆和防油纸取走，继续烘烤5—10分钟，底部烤干即可。

如果馅饼用的是液体夹心，那么取走陶瓷烤豆后，可以在馅饼盒里刷上一层牛奶蛋浆（1个鸡蛋和1汤匙牛奶混合而成），继续烘烤10分钟，让牛奶蛋浆封住馅饼壳，长久保持酥脆口感。此外，还有其他保持馅饼壳酥脆口感的方式：将馅饼盒烤好之后，在馅饼盒里刷上一层融化的黑巧克力或白巧克力。在加入液体夹心之前，先放置凝固。

其他口味选择

杏仁酥皮　将上述食谱中的30克面粉换成杏仁粉或烤榛子粉、烤核桃粉。

巧克力酥皮　将上述食谱中的30克面粉换成过筛的纯可可粉。

1
2
3
4
5
6
7
8
9

酥饼
Shortbread

就制作美味的黄油饼干和曲奇而言，这是一个完美的食谱。加入大米磨成的粉末，会给饼干和曲奇带来独特的口感。你可以用曲奇成型刀将饼干切成不同的形状。也可以在饼干中夹一层薄薄的奶油或水果，做成各类甜点。你甚至可以制作“彩色玻璃”饼干，详见下文。试试往饼干里面添加一些细细研碎的橙皮碎或柠檬皮碎、榛子粉。

分量 / 制作大约16个原味饼干或24个彩色饼干

准备时间 / 20分钟，外加冷藏时间

制作时间 / 8—10分钟

无盐黄油100克，置于室温下，外加些许用以涂抹烤盘

精白砂糖50克，外加些许撒在饼干上

香草精1茶匙

自发面粉175克，外加些许用作撒粉

精细米粉2茶匙，外加些许撒在饼干上

揉面团的时候，非常重要的一点就是不要过度搓揉，否则会破坏饼干酥脆的口感。同时，在烘焙之前要用叉子在饼干上扎一些小孔，否则烤好的饼干也不会有干脆的口感。

1 将黄油、砂糖、香草精放入碗中，用电动搅拌器搅拌至几乎变成白色。筛入面粉和米粉，用指尖混合。注意不要过度搅拌！

2 将面糊搓成球形，包上保鲜膜，放入冰箱中至少冷藏1个小时。

3 将烤箱预热至160℃（风扇140℃）、燃气3挡。将不粘烤盘涂上黄油，或铺上烘焙纸。

4 在案板上稍微撒一些面粉，放上面团擀开，擀成5毫米厚，然后用曲奇成型刀切成不同的形状。全部切完后，将剩下的那些面团重新揉到一起（不要过度搓揉），切成不同的形状，直到面团全部用完。将切好的饼干放入准备好的烤盘里面。

5 对于简单的脆饼而言，只需烘焙前，在饼干表面撒一些精白砂糖和精细米粉即可。放入预热好的烤箱中烘烤8—10分钟。烤好后，让饼干继续放置在烤盘中冷却。

其他口味选择

彩色脆饼　脆饼面团的制作方式同上。将你的饼干面团切成心形或其他形状，用更小的曲奇成型刀（形状相同或不同的均可）切掉饼干的中心。给烤盘铺上烘焙纸，放上饼干。在每个饼干中间的洞里，放一颗传统的彩色硬糖（确保洞要比硬糖大一些，否则烘焙的时候，硬糖沸腾，会溢出到饼干的边缘上去，破坏饼干的效果）。在烘焙的过程中，硬糖会溶化，待冷却后，会形成“彩色玻璃”的效果。在烘焙的过程中，要密切关注饼干的变化，待变成金黄色、硬糖开始溶化时，就要尽快从烤箱中取出。

可以悬挂的酥饼　制作可以悬挂的酥饼时，只需在饼干刚刚出炉，仍然较为柔软的时候，在饼干的中心立刻切出一个洞，足以让彩带穿过。

姜饼
Gingerbread biscuits

这款饼干在烘焙的时候，会散发出极为美妙的香味，飘到屋里的每个角落。这款饼干可以作为不错的圣诞礼物，如果喜欢，不妨一次烘焙多一点。

分量 / 制作30个7.5厘米的饼干
准备时间 / 20分钟，外加冷藏的时间
制作时间 / 10—12分钟

中筋面粉225克
泡打粉1茶匙
姜粉2茶匙
肉桂粉3/4茶匙
辣椒粉少量
精盐少量
无盐黄油125克，放置在室温下，切成小块，外加些许用以涂抹烤盘
深棕色砂糖200克
金色糖浆2汤匙
大鸡蛋1个

1 将面粉、泡打粉、姜粉、肉桂粉、辣椒粉、精盐筛入大搅拌钵里，加入黄油和砂糖，用指尖搓入，直到黄油完全吸收，形成像沙子一样的质感。

2 将糖浆拌入面粉糊里面，用木勺搅拌，逐步加入打好的鸡蛋，形成硬实平滑的面团。将面团揉成球形，包上保鲜膜，放入冰箱中至少冷藏1个小时，让它变硬。

3 烤箱预热至180℃（风扇160℃）或燃气4挡。将两个不粘烤盘涂上黄油。

4 将面团擀开，擀成5毫米厚左右。将擀开的面团切成你喜欢的形状，放置到准备好的烤盘里面。

5 放入预热好的烤箱中烘烤10—12分钟，直到饼干变成深金黄色。如果你想将饼干挂在圣诞树上的话，将饼干从烤箱中取出的时候，趁饼干还温热柔软，你就需要立刻在饼干的中心切出一些洞，让丝带穿过。放置冷却2—3分钟，然后用抹刀将饼干弄松，但仍然放在烤盘上冷却。

6 用彩色糖霜裱花来装饰饼干（详见下文）。

糖霜酥皮
Royal Icing

这款酥皮用上符合“不列颠之狮”标准的鸡蛋蛋清，如果你担心用生鸡蛋不太好，可以买蛋白粉加水冲泡出蛋白液代替。

分量 / 500克

蛋清2个
柠檬汁1茶匙
糖粉约500克，过筛
可食用的食品彩色色素膏（可选）

1 将蛋清倒入碗里，拌入柠檬汁。逐步加入筛过的糖粉，每次加入后，都要充分搅拌，才能继续添加。

2 在蛋清糊变成所需稠度前，继续往里添加糖粉。拌好的糖霜应该质地较硬，但不要硬得没法裱花。

3 如果想要添加颜色，将你所要用到的糖霜倒入小碗里。可食用的食品色素糊是高浓缩的，所以你只需要使用少量即可。用一根取食签蘸点彩色酱汁，混合均匀，然后再添加更多彩色酱汁，以免颜色线条混乱。

花式巧克力曲奇
Chocolate chip cookies

这款甜曲奇和它的变化做法，时刻让我想起我的第一次美国之旅：在那里，到处都可以买到刚刚从炉子里拿出来的曲奇饼……

分量 / 制作约20个饼干

准备时间 / 20—30分钟

制作时间 / 15—17分钟

无盐黄油175克，融化，外加些许涂抹烤盘

中筋面粉250克

小苏打半茶匙

食盐半茶匙

软黑棕糖200克

精白砂糖100克

香草精2茶匙

鸡蛋1个

蛋黄1个

100克装黑巧克力豆3包

！

我通常用冰淇淋勺来测量倒在烤盘上的面团大小，所以做出来的曲奇几乎都是一样大的。

1 烤箱预热至160℃（风扇140℃）或燃气3挡。将两个烤盘涂上融化黄油，或者铺上烘焙纸。

2 将面粉、小苏打、食盐一起筛入大碗，静置备用。

3 将融化黄油、黑棕糖、精白砂糖一起放入中型碗里，用电动搅拌器搅拌至完全混合。将香草精、鸡蛋、蛋黄搅拌进去，直至柔滑轻盈。将上一步筛过的面粉等拌入，搅拌均匀。用木勺手动将巧克力豆搅拌进去。

4 将面团舀到准备好的烤盘里面。大概每个曲奇饼需要2汤匙面团。不需要将面团压扁，因为它们会形成自然的形状。每两个饼干中间要多留出一些空间。

5 放入预热好的烤箱中烘烤15—17分钟，待饼干的边缘开始变成金黄色。将饼干放置在烤盘中冷却几分钟，然后转移到金属架上完全冷却。

其他口味选择

双层巧克力曲奇　用筛过的纯可可粉来替代50克面粉。

夏威夷果曲奇　加入100克切碎的夏威夷果，并且用125克白巧克力豆来替代黑巧克力豆。

圣诞曲奇　用175克燕麦片、125克切碎的红莓干来替代巧克力豆，并加入1茶匙肉桂粉。

香蕉曲奇　加入1根捣碎的熟香蕉到面粉糊里面，并用燕麦片来替代一半的巧克力豆。

椰子曲奇　用椰蓉来替代一半的巧克力豆，做成神奇的Bounty（注：Bounty是一种由巧克力包裹住椰子牛奶馅做成的巧克力夹心棒）曲奇。

花生曲奇　回到制作基本面团的阶段，加入鸡蛋和蛋黄时，不要香草精，拌入150克厚实的花生酱和150克切碎的核桃仁，然后再拌入筛过的食材。将饼干从烤箱取出，淋上一些蜂蜜——这简直是一种终极享受！

1
2
3
4
5
6
7
8
9

Thank you
致谢

我要感谢亲爱的安吉拉·博贾诺，是她让我下决心，开始创作这本书。我也要感谢来自米歇尔·比兹利的贝卡，感谢她一直在这个激动人心的旅程中陪伴并照顾着我——我非常期待以后的合作！我们成功组成了最好的团队。我还要感谢多才多艺的克雷格和他幽默的助手科林，是他们使得我的作品印刷在纸上看上去还那么美味诱人。同时，我要感谢朱丽叶和莫拉格——在设计本书的式样时，你们做得非常棒！我还要感谢蕾切尔，早在录制系列节目《魅力布丁》的时候，她就帮了我很多忙。后来，她又自愿过来帮我创作这本书——我们一起度过的时光充满了欢声笑语，感谢你教我如何制作美味的黄瓜杜松子苏打水！乔治，你太让我惊喜了！你熟练地进行拍摄、检查食谱、跟进报价、整合全书等这一系列活动，与此同时，你甚至还成功组织了自己的婚礼，并且去度了蜜月。还有苏珊，谢谢你敏锐的目光和组织语言的方式。我们每个人都应该享受一杯香槟！最后，我要感谢我的代理商安妮·科贝尔、珍·布尼克、菲奥纳·史密斯，以及我在“蛋糕男孩”的团队。我要感谢你们所付出的努力，并且感谢你们和我一起分享这份激动。

埃里克

阅 读 链 接

《爱上香榭丽舍的滋味：西点大师的果挞坊》

定价：39.80元